普通高等教育农业部"十二五"规划教材
全国高等农林院校"十二五"规划教材

园林计算机辅助设计

SketchUp V-Ray Photoshop

第二版

邢黎峰　主编

中国农业出版社

内容简介

本教材按照园林制图流程,讲授了运用计算机辅助设计技术绘制效果图的方法,介绍了 SketchUp 2013 中文版、V-Ray for SketchUp 2.0、Photoshop CS6 中文版等设计软件的相关功能和使用方法,图文并茂、循序渐进地讲解了计算机辅助设计软件在园林制图中的应用。

对学习的难点,配套光盘中提供了教学视频,包括:SketchUp 三维建模、SketchUp 常用插件的使用(3D-shapes、Hole On Solid、Fredo、TIG、1001bit、instant Roof、instant Road 等)、V-Ray for SketchUp 渲染、Photoshop 渲染图后期处理、Photoshop 方案图绘制、Lumion 场景漫游动画示例。

第二版编写人员

主　编　邢黎峰

副主编　胡海辉　卢　圣　逯海勇

编　者（按姓名笔画排列）

卢　圣（北京农学院）

邢黎峰（山东农业大学）

乔姝函（山东农业大学）

刘　兵（山东农业大学）

孙鹏飞（山东农业大学）

张俊霞（山东农业大学）

张馨文（山东农业大学）

陈东田（山东农业大学）

赵广宇（东北农业大学）

赵　武（山东农业大学）

胡海辉（东北农业大学）

逯海勇（山东农业大学）

强　薇（山东农业大学）

第六版编写人员

主　编　邢黎峰（山东农业大学）

副主编　王景阳（重庆大学）

　　　　　左爱军（清华大学）

参　编　李文勋（重庆大学）

　　　　　常洪波（清华大学）

　　　　　张馨文（山东农业大学）

　　　　　赵星明（山东农业大学）

　　　　　王洪涛（山东农业大学）

　　　　　于东明（山东农业大学）

　　　　　陈东田（山东农业大学）

　　　　　张俊霞（山东农业大学）

含了1部分课堂工作。教材配套光盘中的教学视频；SketchUp常用景品的建
用中三维建模示例由卢圣、胡海辉整理，V-Ray for SketchUp的安装与
操作、Photoshop渲染图的后期处理、三维场景漫游动画的制作由邢黎峰、Lumion
场景漫游动画由卢圣录制。

本教材不同于使用型案例式的撰写办法中，补充补充更系的资料请青百元。

第二版前言

转眼间第一版教材已经用了 6 年，园林计算机辅助设计时刻在发生着变化，CAD 从园林行业的新技术成为本专业学生的必备技能，行业内的分工越来越细，辅助设计软件的格局在变迁，为了适应课堂教学的要求，教材也要推陈出新。

设计与表达的聚散分离。20 年前会用计算机做建筑效果图是令人羡慕的，一批领先掌握 CAD 技术的人专门为建筑设计做表现图，他们来源于建筑、艺术、计算机等相关专业，那时高端的园林项目也不惜重金请他们做电脑效果图，作图时园林设计师坐在旁边指导他们筛选树种、调整配置，掌握这种技术的园林专业学生就业时非常抢手，这成为高等院校园林专业开设这类课程的推动力。随着 CAD 教育在园林行业的普及，会 CAD 的园林设计师越来越多，设计与表达完美结合集于一身，多数设计师自己作表现图。近年来艺术类教育蓬勃发展，有建筑、环艺、园林等相关专业的院校都在招收艺术生，环境设计（艺术学）专业的学生艺术修养更好，在图面控制、色彩感觉等方面比园林专业的学生更有优势，他们的从业使园林行业分工更为细致，设计与表达可能再次分离。园林、风景园林背景的设计师考虑更多的是人体工程学、环境行为学、植物的应用和空间的营造，掌握 CAD 技术只是为了设计思想的表达和交流，这需要在学习 CAD 技术花费的时间与表现水平之间寻找一个平衡点，易于上手、学习时间短、能够表达设计思想的 CAD 软件成为较好的选择。

辅助设计软件格局变迁。在建筑环境表现领域，AutoCAD、3ds Max、Photoshop 是传统的黄金组合，AutoCAD 绘制工程图和规划图，3ds Max 三维建模、动画、渲染，Photoshop 做渲染图的后期和彩色平面图。近年来这种组合受到强烈冲击，SketchUp 这个为建筑概念设计而生的小软件，易于上手、操作简单，用于建立三维建筑模型在园林设计师中颇为流行，图面是一种天然的水彩风格，可以模拟手绘效果，配合 V-Ray for SketchUp 渲染器，能够达到照片级的渲染效果。Lumion 是做场景漫游动画的小软件，三维树木等植物资源丰富，动态人物、飞禽走兽、流水、喷泉等封装好的素材，大大降低了场景漫游动画的制作难度，随着计算机显卡的升级必将风靡园林设计行业。

本教材是第二版的第一册，本册分为三篇：第 1 篇 SketchUp，第 1～5 章由胡海辉负责编写，第 6 章由邢黎峰负责编写，第 7～9 章由卢圣负责编写；第 2 篇 V-Ray for SketchUp 由邢黎峰负责编写；第 3 篇 Photoshop 由逯海勇负责编写，赵广宇、陈东田、张馨文、张俊霞、刘兵、乔姝函、强薇、孙鹏飞、赵武

等参加了部分编写工作。教材配套光盘中的教学视频，SketchUp 常用插件的使用和三维建模示例由卢圣、胡海辉讲解，V-Ray for SketchUp 渲染示例由邢黎峰讲解，Photoshop 渲染图后期处理和方案图绘制示例由逯海勇讲解，Lumion 场景漫游动画由孙鹏飞讲解。

本教材示例中使用的素材在随书光盘中，补充和更新的资料请到百度云盘下载。在使用本教材教学过程中遇到问题，请与作者联系。

百度云盘　http：//pan. baidu. com/s/1o6rf8eu

邢黎峰　hsinglf@163. com

胡海辉　hljhuhaihui@163. com

卢　圣　buc01@126. com

逯海勇　luhaiyong-1@126. com

邢黎峰

2014 年 5 月

第一版前言

计算机辅助设计（CAD，computer aided design）是园林专业计算机应用基础教育的骨干课程，是计算机文化、技术以及应用基础教育中与专业课程关系最紧密、最直接的课程。课程的实践性很强，课堂讲授和上机实习两个主要环节相辅相成，密不可分。课程的教学目的是让学生了解 CAD 技术在本专业上的应用方法，熟练操作主流的 CAD 设计软件，独立分析实际的专业应用问题并提出相应的解决方案。

国内大学开设计算机辅助设计课程始于 20 世纪 90 年代末，教学体系源于建筑和美术学院的相关专业。经过十年的教学实践，各高校都积累了大量的 CAD 应用经验，逐渐形成了适用于本专业的完整的教学体系。经过十年的教育推广，掌握 CAD 技术的从业人员比例迅速提高；是否掌握这种技术已成为用人单位招聘时的标志性指标；目前开设 CAD 课程的大学越来越多。作为新兴的技术课程如何与传统的课程体系融合，各高校由于毕业生定位、师资水平、设备状况等因素的差异，处理方法有所不同。CAD 绘制的工程图替代手工图纸是必然的，三维虚拟场景对分析日照、模拟植物生长、推敲空间关系是很有帮助的，而选择手绘表现图还是计算机效果图则富有争议。学生经 2 个月的集训完成的计算机效果图与 2 年的传统教育完成的手绘表现图相当。是训练学生素描、色彩、阴影透视、画法几何来手绘表现图，还是讲一点美术基础后训练学生利用 CAD 技术制作效果图？是用大量的时间训练学生手绘表现技法，还是用挤出的时间讲授规划设计理论、培养创意思维？是按照艺术家的定位培养学生而毕业后多数去做工程师，还是按工程师的标准训练学生而少数会成长为艺术家？这成为高校园林专业调整课程结构时不得不思考的问题。

子曰：学而不思则罔，思而不学则殆。在计算机辅助设计学习过程中，入门阶段遇到的技术层面的内容较多，通过模仿，练习操作步骤是很重要的；提高阶段思想层面的东西较多，借鉴前人解决问题的思路来独立思考更为重要。绘制工程图的关键是尺寸准确、符合国家和行业制图标准，而效果图创作则源于对生活的细致观察，正如林语堂先生所说："最好的建筑是这样的，我们深处在其中，却不知道自然在哪里终了，艺术在哪里开始。"好的效果图是师法自然的结果，追求的境界是"虽由人作，宛自天开"，这与中国古代造园的思想是一致的。

接到中国农业出版社的编写任务是在 2006 年年初，正值 Autodesk 公司

ATC（authorized training center）北京年会，几位主编白天开会，晚上商讨如何编写这本教材，由于都是教学一线的优秀培训教员，都有端着一本精装巨著苦读却一脸茫然的体会，所以很快达成共识：实用，简要，系统。实用，是要以绘图的需要为主线来筛选软件的功能，而不是以软件的功能为框架。简要，解决一个实际问题的方法有多种，教材只写最容易掌握最有效的一种。系统，从基础讲起，在最短的时间内，通过系统的训练，使学生具备独立工作的能力。如果希望了解计算机辅助设计的理论基础可学习计算机图形学，如果希望掌握设计软件的全部功能请阅读它的联机帮助。

全书分为三篇，AutoCAD 部分由邢黎峰负责编写，3ds Max 部分由王景阳、邢黎峰负责编写，Photoshop 部分由左爱军、邢黎峰负责编写，李文勋、常洪波、张馨文、赵星明、王洪涛、于东明、陈东田、张俊霞参加了部分编写工作。配套的视频教学光盘中，平面图绘制示例，软件间的文件传递，ForestPro、SpeedTree、TreeProfessional、RPC 等 3ds Max 插件的使用由邢黎峰讲解；三维效果图绘制示例由李文勋讲解；方案图绘制示例由张馨文讲解。

邢黎峰

2007 年 9 月

目 录

第二版前言
第一版前言

第1篇 SketchUp

第 2 篇　V-Ray for SketchUp

第3篇 Photoshop

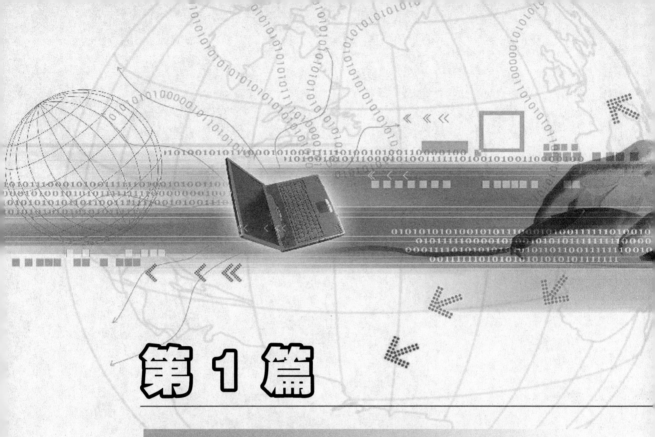

第 1 篇

SketchUp

第1章 SketchUp 基础

1.1 SketchUp 简介

SketchUp 源于@Last Software 公司的研发,在被 Google 接管后很多方面都得到了进一步的提升,是一种全新理念的 3D 模型设计软件,不仅具有 3D 建模功能,还可以通过一个名叫 Google 3D Warehouse 的网站寻找和分享利用 SketchUp 建造的 3D 模型和插件直接导出效果图,如图 1-1、图 1-2、图 1-3 所示。SketchUP 的优化是根据设计工作者的需要进行的。纵观所有 3D 设计软件,SketchUp 具有如下优点:

(1) 快速化 与其他 3D 设计软件相比,SketchUP 具有大多数初学者在短期内就能熟练掌握的优势。这样操作者的精力能更多地集中在方案设计上而不是软件的操作中。

(2) 智能化 SketchUp 是一个智能化的产物,其建模系统具有"基于实体"和"精确"的特点,换句话说,它滤去了其他 3D 软件要求用户死记硬背各种烦琐指令的缺点。

(3) 多样化 SketchUp 展示了多种绘图表现风格,可以做出色彩丰富的效果图;也可以生成类似于手绘风格的效果图;在与其他制图软件的衔接方面具有独一无二的优势,SketchUp 设计了多种格式的导入导出项,可将模型导入其他材质处理效果更好的三维软件中,渲染出效果更为生动的图片,时下比较流行的方法是把 SketchUp 的模型导入到 Lumion 中渲染出图,也可将 3ds Max 制作的模型导入到 SketchUp 中。

图 1-1 Google 3D Warehouse 网站

图 1-2　用 SketchUp 建模

图 1-3　SketchUp 手绘风格效果图

1.2　安装和启动

双击 SketchUpProWZH-CN.exe 开始进行 SketchUp 的安装，安装 SketchUp 时需要从互联网上下载插件，所以安装时必须连接互联网，插件下载地址默认为 C 盘，如图 1-4、图 1-5 所示。

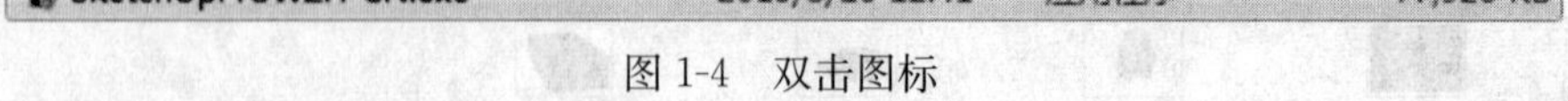

| SketchUpProWZH-CN.exe | 2013/8/15 12:41 | 应用程序 | 77,920 KB |

图 1-4　双击图标

单击"下一个"按钮开始安装，如图 1-6 所示。

勾选"我接受许可协议中的条款"，单击"下一个"按钮，如图 1-7 所示。

图 1-5　开始安装

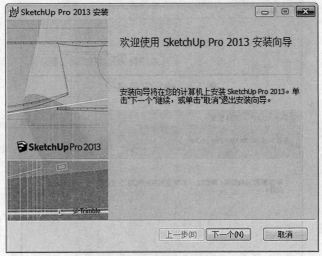

图 1-6　SketchUp 安装向导

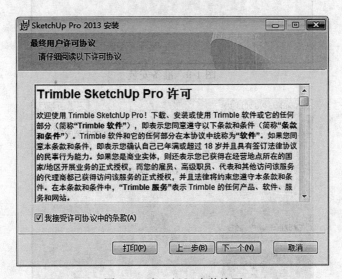

图 1-7　SketchUp 安装许可

　　选择安装的路径，默认装在 C 盘，如需改变盘符的位置，单击"更改"按钮，选择安装路径，如图 1-8 所示。

确定路径后，单击"安装"按钮进行软件的安装，如图 1-9 所示。

安装结束，单击"完成"按钮，安装完成，如图 1-10 所示。

图 1-8 确定安装路径

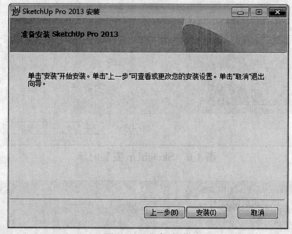

图 1-9 准备安装

图 1-10 安装完成

双击 SketchUp 2013 图标，此时会出现如图 1-11 所示的界面，单击"添加许可证"按钮，会出现"添加许可证"对话框，输入用户名、序列号、授权号等相关信息，单击"好"按钮。

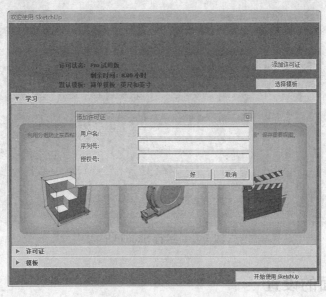

图 1-11　运行软件对话框

安装完成后，会提示使用者选择模板。可根据自身的专业选择常用单位，最后单击"开始使用 SketchUp"按钮，如图 1-12、图 1-13 所示。

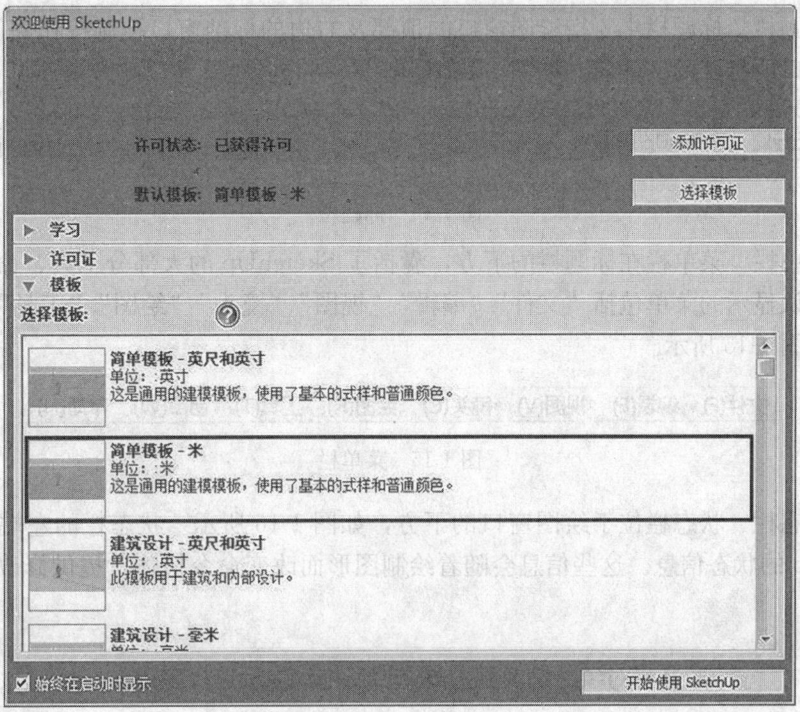

图 1-12　选择模板

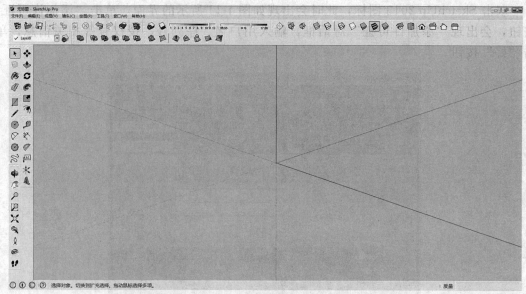

图 1-13　运行 SketchUp

1.3　工作界面的设置

SketchUp 的绘图模式是单视图操作，但在绘图窗口中，可以同时创建和观察模型。绘图窗口主要由"标题栏""菜单栏""工具栏""当前视图""状态栏"和"数值控制栏"等几部分组成。

（1）标题栏　标题栏主要指绘图窗口的顶部及右边的标准窗口控制按钮关闭、最小化、最大化和窗口所打开的文件名，如图 1-14 所示。

图 1-14　标题栏

（2）菜单栏　菜单栏在标题栏的下方，囊括了 SketchUp 的大部分工具、命令和菜单中的设置。默认显示的菜单包括"文件""编辑""视图""镜头""绘图""工具""窗口"和"帮助"，如图 1-15 所示。

图 1-15　菜单栏

（3）状态栏　状态栏位于绘图窗口的下方，如图 1-16 所示。状态栏的左端是命令提示和 SketchUp 的状态信息。这些信息会随着绘制图形而改变命令描述，提供修改键和如何进行修改。

选择对象。切换到扩充选择。拖动鼠标选择多项。

图 1-16　状态栏

(4) 工具栏　工具栏包括横、纵两个，包含了大部分 SketchUp 的工具。执行"视图">
"工具栏"命令，打开"工具栏"对话框，如图 1-17 所示，在"工具栏"对话框中可调出任何
要使用的工具和插件。

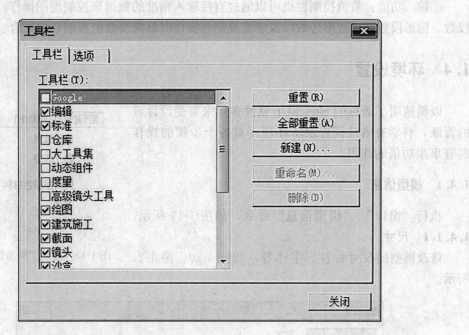

图 1-17　开启工具栏

(5) 绘图区　绘图区域默认视图如图 1-18 所示，可以清楚地看到三条三维轴线。

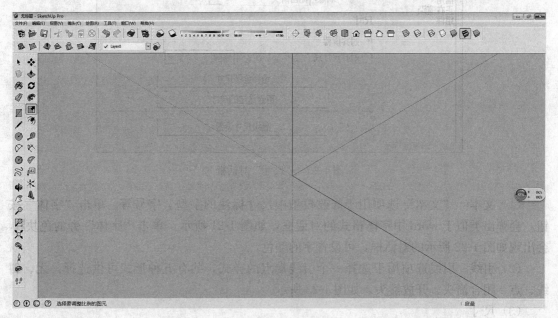

图 1-18　默认视图

（6）数值控制栏 状态栏的右边就是数值控制栏，它有两个主要功能：

①显示功能：在创建或移动一个几何体时，它会随着操作的进程而显示相应的空间尺寸信息，如长度或半径等。

②输入功能：数值控制栏也可以通过直接输入精准的数据来控制绘图操作。如进行弧形段数、圆形段数和多边形边数以及多重复制等操作时都需要数值控制栏的配合。

1.4 环境设置

以简洁明了著称的 SketchUp 软件多年来备受设计者的青睐，科学有效地设置绘图环境，对各个步骤的操作起着事半功倍的作用。

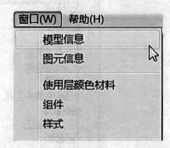

1.4.1 模型信息

执行"窗口">"模型信息"命令，如图 1-19 所示。

1.4.1.1 尺寸

修改模型的尺寸标注、字体等，如图 1-20、图 1-21 所示。

图 1-19 启动"模型信息"命令

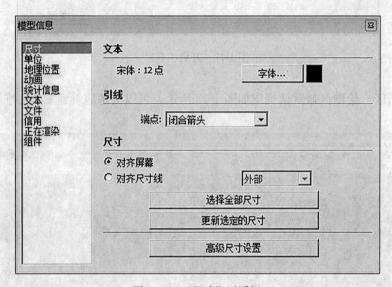

图 1-20 "尺寸"对话框

（1）文本 "文本"选项用于修改模型中尺寸标注的字型、字号等。单击"字体"按钮，会弹出类似于 word 中字体格式的对话框，如图 1-21 所示。单击"字体"旁的色块■，会出现如图 1-22 所示的对话框，可设置字的颜色。

（2）引线 引线选项用于选择一个引线端点的样式，共有五种形式可供选择：无、斜线、点、闭合箭头、开放箭头，如图 1-23 所示。

（3）尺寸

①对齐屏幕：标注文字会随着视图旋转，始终保持正对屏幕，如图 1-24 所示。

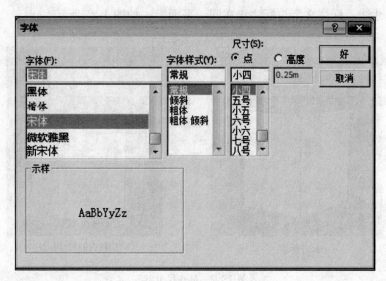

图 1-21　设置字体

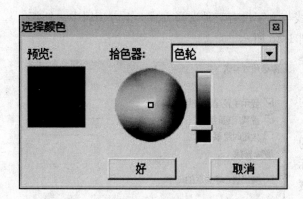

图 1-22　设置字的颜色

图 1-23　引线标注类型

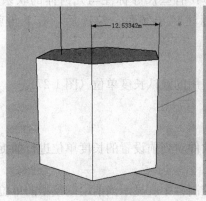

(a)尺寸标注

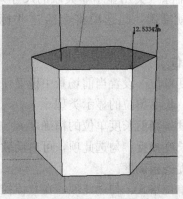

(b)旋转后的尺寸标注

图 1-24　对齐屏幕

②对齐尺寸线：标注文字与标注线在同一平面上，如图 1-25 所示。

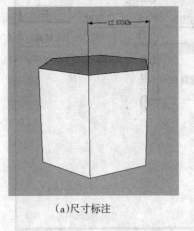 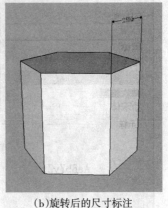

(a)尺寸标注　　　　　　　　　　　(b)旋转后的尺寸标注

图 1-25　对齐尺寸线

在"对齐尺寸线"选项中，尺寸线与文字也有三种选择方式：上方、居中、外部。

（4）高级尺寸设置　高级尺寸设置如图 1-26 所示。

①显示半径/直径前缀："R"代表半径标注，"DIA"代表直径标注。

②透视缩短时隐藏：只显示视图以内的尺寸标注，其他的标注自动隐藏。

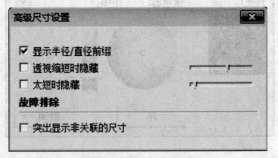

③太短时隐藏：尺寸标注会随着视图的推远变小，但是文字的大小却不变，这时标注文字会密密麻麻地堆在一起，勾选"隐藏较小尺寸"可自动隐藏那些可读性不强的尺寸。

图 1-26　输出尺寸设置

④故障排除（突出显示非关联的尺寸）：有些尺寸标注与几何体的联系不紧密，那么标注文字也就准确，此选项将会给这些标注赋予颜色。勾选后，右下角就会出现颜色色块。

1.4.1.2　单位

（1）长度单位　设置当前场景中模型使用的默认长度单位（图 1-27）。

①格式：长度单位的显示类型。

②精确度：当前长度单位的精确度。

③启用长度捕捉：勾选此项，可启动软件对当前设置的长度单位进行捕捉，在后面数值栏中输入捕捉的精确度。

④显示单位格式：勾选此项，在数值控制栏中会显示当前绘制模型的单位。

⑤强制显示 0"：只有当单位定义为美制建筑单位时，此选项才有效。当尺寸为英尺的整倍数时，英寸则不会显示。勾选此项后，英尺则会出现。例如，5 英尺就会显示为5′0"。

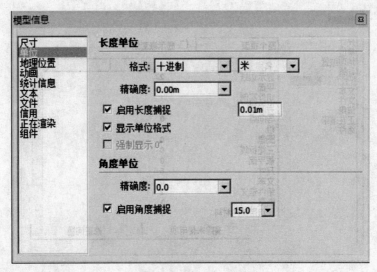

图 1-27　"单位"对话框

（2）角度单位

①精确度：当前角度单位的精确度。

②启用角度捕捉：勾选此项，可启动软件对当前设置的角度单位进行捕捉。此功能主要用于量角器和旋转工具的绘图操作中。

1.4.1.3　动画

设置动画参数：勾选"启用场景转换"，默认设置为 2 秒，"场景延迟"设置为 1 秒，如图 1-28 所示。

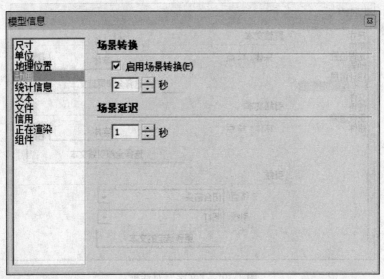

图 1-28　"动画"对话框

1.4.1.4　统计信息

"统计信息"选项栏用于统计模型中组成要素的个数及类型，如图 1-29 所示。

①A. "整个模型"：显示所有模型信息。

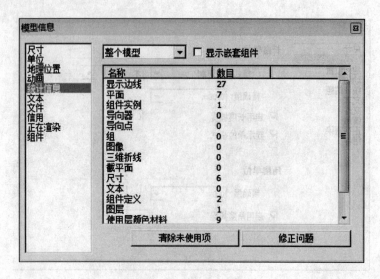

图 1-29 "统计信息"复选框

B. "仅组件": 显示相关组件的统计报告。

②显示嵌套组件: 勾选此项, 显示所有相关组件的统计信息。

③清除未使用项: 用于清理模型中未被使用的组件、图层、材质等。

④修正问题: 单击该按钮, 对当前场景中的模型进行检测, 然后自动修复, 尽量恢复正常。

1.4.1.5 文本

"文本"复选框用于修改模型中的文字标注, 其设置与尺寸选项中的文字设置十分类似, 不再赘述, 如图 1-30 所示。

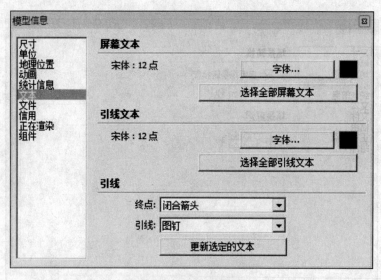

图 1-30 "文字"对话框

1.4.1.6 文件

"文件"对话框用于查看文件的存储位置(已保存)、软件的版本、尺寸及文件中组件的设置, 如图 1-31 所示。

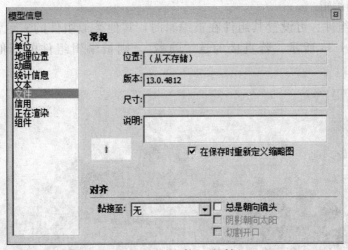

图 1-31　"文件"对话框

（1）常规

①位置：文件存储的位置。

②版本：上次对模型进行改动时所使用的 SketchUp 版本。

③尺寸：当前文件的大小，单位是 kB。

④说明：对文件进行文字说明。

⑤在保存时重新定义缩略图：使用"在保存时重新定义缩略图"复选框后，可以将当前模型视图保存为代表模型的缩略图。当前视图将代表模型的缩略图保存下来，便于在多个文件中查找想要的模型。

（2）对齐　此处"对齐"工具的设置与组件中的设置功能完全相同。但它决定的是模型作为组件载入到其他 SketchUp 文件中的对齐方式。

1.4.1.7　组件

"组件"对话框用于设置在编辑组件/组内部时，其他组件或群组的显示效果，如图1-32所示。

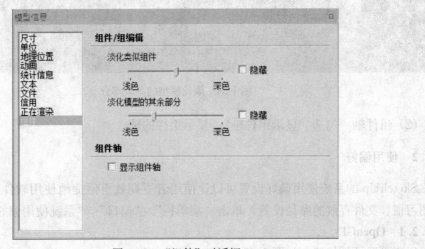

图 1-32　"组件"对话框

（1）组件/组编辑

①淡化类似组件：可设置其组件在被编辑时，其他类似组件的去色情况，越往左消隐越明显，如图 1-33 所示。若直接勾选"隐藏"，则被编辑组件的其他类似组件全都隐藏。

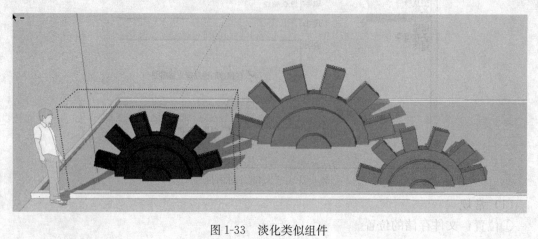

图 1-33　淡化类似组件

②淡化模型的其余部分：与淡化类似组件用法相同，只不过功能是对其他模型进行去色，如图 1-34 所示。

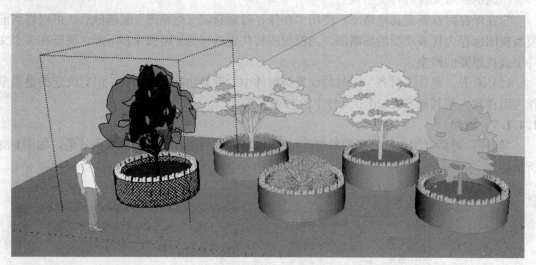

图 1-34　淡化模型的其余部分

（2）组件轴　勾选"显示组件轴"，显示组件的轴。

1.4.2　使用偏好

SketchUp 的系统使用偏好设置可以让使用者更高效更便捷地使用软件，可根据自己的作图习惯、文件存放的路径设置，单击"菜单栏">"窗口">"系统使用偏好"。

1.4.2.1　OpenGL

用于设置硬件加速，如图 1-35 所示。

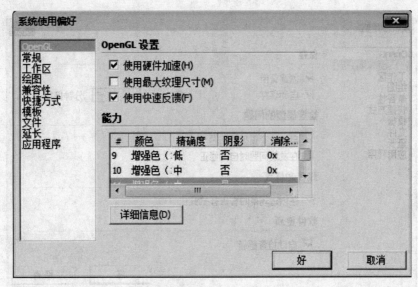

图 1-35　"OpenGL" 对话框

（1）OpenGL 设置

①使用硬件加速：勾选此项，显卡提速，显示的品质与速度都会提升。

②使用最大纹理尺寸：允许显卡支持的最大贴图尺寸，但这可能会导致操作变迟钝。这一功能有助于照片匹配和材质功能定位。它的启动给显卡造成了很大的负担。建议除特殊情况外，不要勾选此项。一般阴影渲染、纹理显示都要依靠显卡再经 OpenGL 指令集操控做硬件运算，所以硬件加速是必不可少的。

③使用快速反馈：在模型较烦琐、场景比较大时，阴影和贴图的渲染会变得迟钝，快速响应可以缓解这一情况，但会使一些大型的模型元素出现闪烁。并且只有在渲染变得力不从心时，快速响应才会启动，所以建议勾选此项。

（2）能力　一般情况下建议使用：增强色，中等精度，显示阴影，消除锯齿 0x。

1.4.2.2　常规

常规设置如图 1-36 所示。

（1）保存

①创建备份：在保存文件后会自动生成备份文件，与当前文件处于同一文件夹中的 skb 文件是系统自动备份的。画图过程中出现问题时，保存好的文件损坏、丢失或打不开，SketchUp 备份文件就是你的救星，自动保存下来的文件不至于使你丢失太多的信息。这时 SketchUp 的后缀名就出来了，变成了 SketchUp.skb，然后直接把 skb 改为 skp，就可以打开使用。

②自动保存：在默认情况下，处于活动的工作状态时，SketchUp 每 5 分钟自动保存一次文件。例如，正在处理一个名为 MyDrawing.skp 的文件，则自动保存功能会创建一个名为 AutoSave_MyDrawing.skp 的文件。如果由于不可预测因素致使 SketchUp 在工作时突然意外退出，这时自动保存文件就会派上用场，它会保存到上一个 5 分钟之前的内容，并且自动保存的文件与原文件在同一文件夹中。自动保存时间可根据个人习惯进行设置，建议设

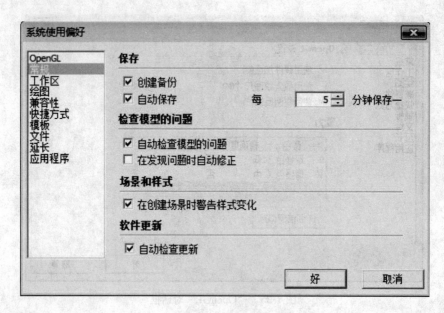

图 1-36 "常规"对话框

置为 10 分钟。

（2）检查模型的问题 勾选下面两个选项后，软件会时刻发现并修复模型中的错误。

（3）场景和样式 勾选此选项后，当改变样式时，创建或更新页面时都会弹出提示，建议勾选，如图 1-37 所示。

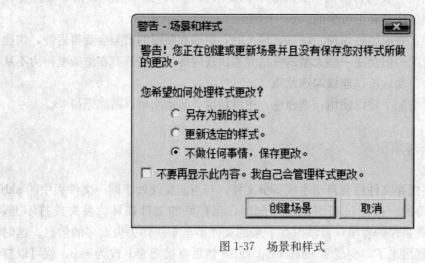

图 1-37 场景和样式

（4）软件更新 勾选此选项后，网络有新版本软件时会自动更新。

1.4.2.3 工作区

工作区设置：如图 1-38 所示。

（1）工具面板 使用大工具按钮：SketchUp 为用户设置了大小不同的两种工具图标。大图标更容易识别，小图标为绘图窗口腾出了更多的空间。

（2）工作区 重置工作区：使软件工具栏恢复到默认配置。

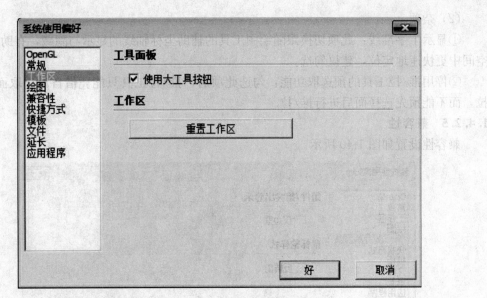

图 1-38 "工作区"对话框

1.4.2.4 绘图

主要设置与鼠标有关的操作,如图 1-39 所示。

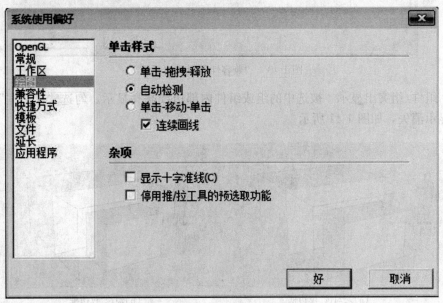

图 1-39 "绘图"对话框

(1)单击样式 设置鼠标单击操作的方式。

勾选"单击-拖拽-释放"后,直线工具的画线方式只能是选择一点后拖曳到目标点然后松开;若选择"单击-移动-单击",则需要点击线段的起点和终点画线。一般默认设置是"自动检测",其优点在于上述的两种画线方法都可以使用。

勾选"连续画线",则用直线工具画的每一条线的终点都是下一条线的端点;如果不选,则可以自由画线。

（2）杂项

①显示十字准线：此项切换跟随绘图工具的辅助坐标轴线的显示与隐藏，有助于在三维空间中更快速地定位，建议勾选。

②停用推/拉工具的预选取功能：勾选此项后，推/拉工具只能凭借自动选取面进行推/拉，而不能预先选择面后进行推/拉。

1.4.2.5 兼容性

兼容性设置如图1-40所示。

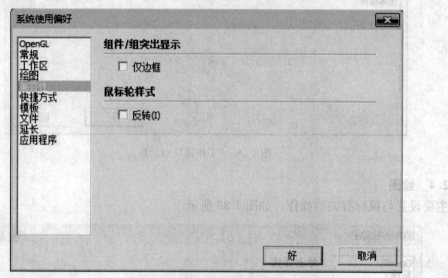

图1-40 "兼容性"设置对话框

（1）组件/组突出显示 被选中的组或组件内部边线高亮显示。勾选"仅边框"后内边线高亮显示消失，如图1-41所示。

(a)未勾选"仅边框"　　　　　　　　　(b)勾选"仅边框"

图1-41 组件/组高亮显示对比

（2）鼠标轮样式 SketchUp默认鼠标向前滑动是靠近物体，向后滑动是远离物体，勾选"反转"后与其相反。

1.4.2.6 快捷方式

（1）快捷键的添加

①点击"窗口">"系统使用偏好">"快捷方式"选项栏，首先在过滤器中找到需要设置快捷键的工具（包括插件的命令）。例如，想要设置"编辑"中的"隐藏"命令，在过滤

器中输入"隐藏"就可找到所需设置的工具选项，如图 1-42 所示。

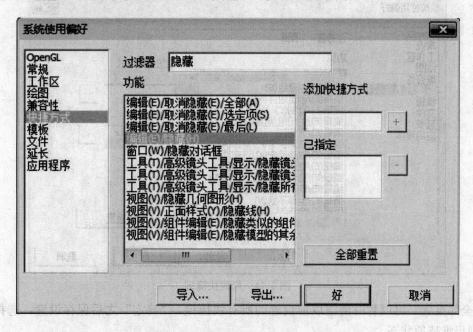

图 1-42　搜索要设置快捷键的工具

②在"添加快捷方式"一栏输入想要设置的快捷键大写字母（X），此时按下右边的加号按钮，所输入的快捷键会自动添加到"已指定"选项栏中，快捷键设置完成，如图 1-43 所示。

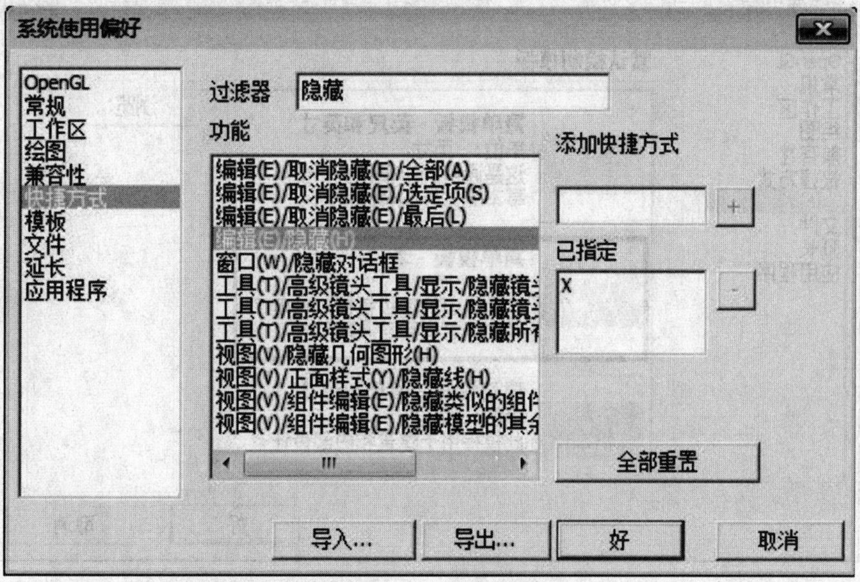

图 1-43　设置快捷键

（2）快捷键的修改　若要修改某个快捷键，可选择该命令，在"已指定"中显示该命令的快捷键，选中要删除的快捷键，然后单击"-"按钮，如图 1-44 所示。

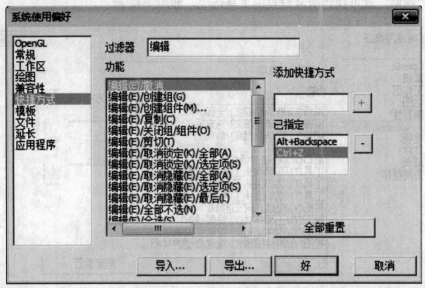

图 1-44 修改快捷键

"全部重置"可以暂时清空以前设置的所有快捷键,"确定"之后保存设置,选择"取消"则仍维持原状态。

1.4.2.7 模板

所谓模板,是给使用者一个稳定的、常用的绘图模式。SketchUp2013 已经给出了很多不同类型的模板,如图 1-45 所示。

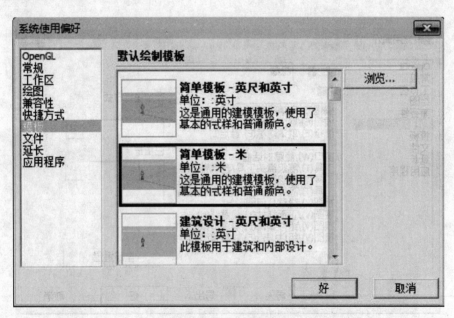

图 1-45 软件自带模板

创建模板的操作如下:

①打开一个新建的 SketchUp 文件,根据需要进行设置(样式、使用偏好、地理位置)并修改出适合个人需要的模型。

②将此文件保存为 skp 文件，且保存位置为 SketchUp 安装路径中的模板目录。

还有一种办法是在第一步完成后，直接选择"文件">"另存为"模板。

1.4.2.8 文件

用于显示各种常用项的文件路径，主要是帮助使用者更方便地查找文件路径。

若要修改路径，单击对应项右侧带绿箭头的小图标，在弹出的浏览文件对话框中存储新的文件路径，如图 1-46 所示。

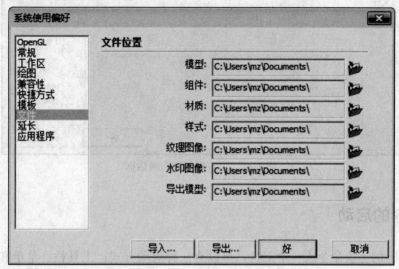

图 1-46 "文件"对话框

此处的"导出""导入"与快捷键中的"导出""导入"作用相同。

1.4.2.9 延长

显示软件中安装的插件项目，如图 1-47 所示。

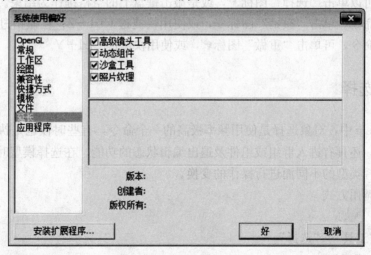

图 1-47 "延长"对话框

1.4.2.10 应用程序

此功能用于将 SketchUp 中的材质贴图直接输出到 Photoshop 等其他图形处理软件来编辑材质（图 1-48）。

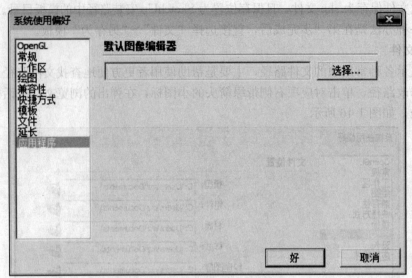

图 1-48 "应用程序"对话框

1.5 命令的启动

SketchUp 的一条命令或一个工具，可以有三种启动方式：工具栏、菜单和快捷键。例如，启动绘制矩形命令，可单击工具栏中的图标██，或单击"绘图"菜单在下拉列表中单击"矩形"，或直接从键盘上敲击字母键 R；启动推/拉工具，可单击工具栏中的图标██，或单击"工具"菜单在下拉列表中单击"推/拉"，或直接从键盘上敲击字母键 P。

在一条命令的执行过程中，敲击键盘左上角的 Esc 键可中止它的执行。SketchUp 的命令无结束键，可以单击"选择"图标██，或是敲击键盘上的空格键作为结束。如果要撤销刚执行完的一条命令，单击"撤销"图标██，或使用快捷键 Ctrl＋Z；在撤销过程中要再重做刚撤销的一条命令，可单击"重做"图标██，或使用快捷键 Ctrl＋Y。

1.6 对象选择

在 SketchUp 中，对象选择是使用频率极高的一个命令，有些时候也是执行其他命令的基础步骤之一，还具有进入群组或组件及退出编辑状态的功能。在选择模型时，根据物体的数量变化及选择类型的不同而进行操作的变换。

（1）命令调用方式

①工具栏：██。

②菜单："工具">"选择"。

③命令行：Space。

（2）命令格式

①选择单个实体：单击不同次数，选择几何体的效果如图 1-49 所示。

a. 单击：启动选择工具██⇨鼠标左键单击几何体，被选中的物体以蓝色标记。单击某一几何体，会选中几何体的某一面、线或打开群组或组件。

b. 双击：启动选择工具 ⬚ ⇨ 鼠标左键连续两次点击几何体，被选中的物体以蓝色标记。双击某一几何体，会选中几何体的某一表面及其边线。

c. 连续三次点击：启动选择工具 ⬚ ⇨ 鼠标左键连续三次点击几何体，被选中的物体以蓝色标记。连续三次单击物体会同时选中该面及所有与之相邻的几何体。

②选择多个实体：选择框是一个可展开的临时框，可用于选择多个几何体。

a. 交叉窗选：启动选择工具 ⬚，鼠标变为一个箭头；在要选择的几何体附近单击并按住鼠标按键，从这里开始设置选择框；拖动鼠标，在要选择的元素上展开选择框，并从右向左进行选择。

这种方法的特点是，即使只有部分元素包含在矩形中的物体也会被完全选中，图 1-50 显示了从右到左的选择方式。

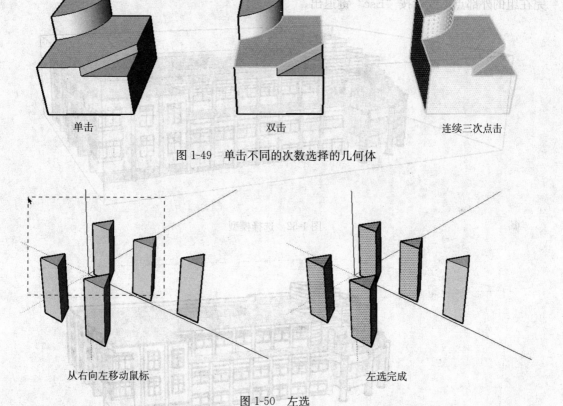

图 1-49 单击不同的次数选择的几何体

图 1-50 左选

b. 窗选：单击几何体的左侧并拖到右侧，将只会选中完全包含在选择矩形框内的元素。图 1-51 显示了从左到右的选择方式。

当所有组件都有部分内容或全部内容包含在选择框中时，松开鼠标按键。

③进入/退出组件及组的编辑状态：如图 1-52 所示，启动选择工具后，单击此建筑，即可成功选择此模型。仔细观察后，可发现在建筑附近围绕着一圈蓝色框架，说明此建筑处于群组或组件的状态。

双击组，几何体将恢复为正常的线和面，内部元素即可被修改，如图 1-53 所示。编辑

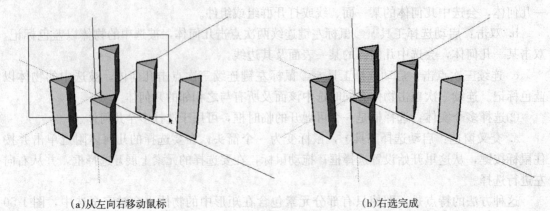

(a)从左向右移动鼠标   (b)右选完成

图 1-51 右选

完在组的外部点击或者按"Esc"键退出。

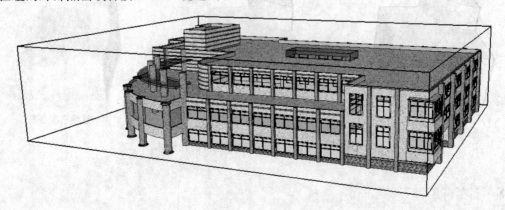

图 1-52 选择模型

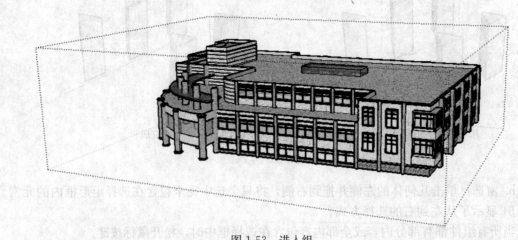

图 1-53 进入组

（3）修改选集 选择工具与一个或多个键盘修饰键组合使用，可增加或删除选择集中的几何体。

①增选：按住"Ctrl"键点击几何体（鼠标将变为一个带加号的箭头），更多几何体会

被添加到选择集中，如图 1-54 所示。

　　②反选：按住"Shift"键点击几何体（鼠标将变为一个带加号和减号的箭头），即可反转几何体的选择状态（当前选定的几何体将被取消选择，反之亦然），如图 1-54 所示。

　　③减选：按住"Shift"和"Ctrl"键点击当前选定的几何体（鼠标将变为一个带减号的箭头），选定的几何体即可被删除，如图 1-54 所示。

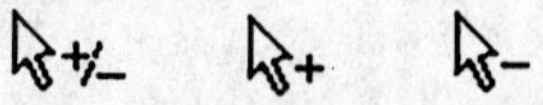

　　④全选：可以使用菜单命令（"编辑"＞"全选"），或按组合键"Ctrl＋A"。

　　⑤取消选择：只要单击绘图窗口的空白处即可。

図 1-54　图标

1.7　文件操作

　　菜单栏中的"文件"命令可对文件的保存、打开、新建和备份等进行操作。

　　（1）保存　命令调用方式包括以下三种：

　　①工具栏：。

　　②菜单："文件"＞"保存"。

　　③命令行：Ctrl＋S。

　　（2）打开　命令调用方式包括以下三种：

　　①工具栏：。

　　②菜单："文件"＞"打开"。

　　③命令行：Ctrl＋O。

　　（3）新建　命令调用方式包括以下三种：

　　①工具栏：。

　　②菜单："文件"＞"打开"。

　　③命令行：Ctrl＋N。

1.8　退出

　　完成模型的绘制后，点击标题栏中的即可。

第 2 章 图形绘制和三维建模

2.1 轴工具

绘图坐标轴的正常位置和朝向相当于其他三维软件的世界坐标系。轴工具允许我们将世界坐标系转换到用户坐标系，使坐标轴移动到适当的平面上。利用这个特点，可以轻松地在斜面上构筑起矩形物体，也可以更准确地拉伸那些偏离坐标轴平面的物体。

(1) 命令调用方式

①工具栏：※。

②菜单："视图" > "轴"。

(2) 定位坐标轴 坐标轴定位的步骤如图 2-1 所示。

①启动轴工具※，这时鼠标会附着一个红/绿/蓝坐标符号，它会在模型中捕捉参考对齐点。

②移动鼠标到新坐标系的原点，借助参考工具提示确认是否放置在正确的点上，放置正确后点击"确定"。

③移动鼠标对齐红轴的新位置，借助参考提示确认是否正确对齐，对齐后点击"确定"。

④移动鼠标对齐绿轴的新位置，借助参考提示确认是否正确对齐，对齐后点击"确定"。

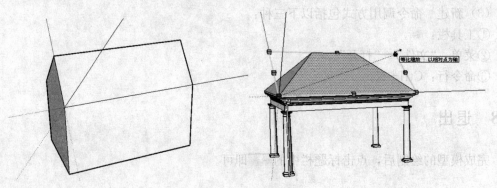

图 2-1 坐标轴定位

坐标轴定位操作完成时，蓝轴垂直于红/绿轴平面。

2.2 视图

2.2.1 视图工具栏

计算机屏幕是平面的，但制作的模型是三维立体的，如图 2-2、图 2-3、图 2-4、图 2-5 所示。在视图工具栏中提供了常用的 6 种视图：等轴视图、俯视图、主视图、右视图、后视图和左视图。本软件为单视图操作，不但切换起来非常简便，而且设计者可以借助视图的切换选择对应的面和边线，如图 2-6 所示。

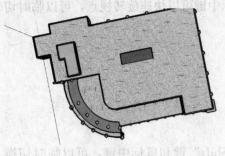
图 2-2 俯视图

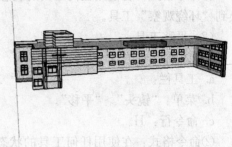
图 2-3 剖面图

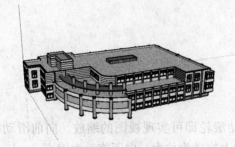
图 2-4 透视图

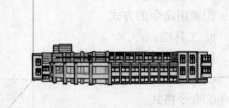
图 2-5 前视图

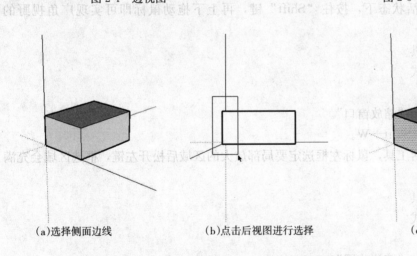

(a)选择侧面边线　　　　　(b)点击后视图进行选择　　　　　(c)选择成功

图 2-6 一次性选择边线

2.2.2 镜头工具栏

镜头工具栏是针对视图操作的一系列工具，如图 1-53 所示，从左到右依次为"环绕观察""平移""缩放""缩放窗口""缩放范围""上一个""定位镜头""正面观察""漫游"工具。

（1）环绕观察工具

①调用命令的方式

a. 工具栏：🔄。

b. 菜单："镜头">"环绕观察"。

c. 命令行：O。

②命令格式：在使用任何工具的状态下，按住鼠标中键可以快速旋转视点，可以临时切换到"环绕观察"工具。

（2）平移工具

①调用命令的方式

a. 工具栏：🖐。

b. 菜单："镜头"＞"平移"。

c. 命令行：H。

②命令格式：在使用任何工具的状态下，按住"Shift"键和鼠标中键，可以临时切换到"平移"工具。且在此工具激活状态下，双击绘图区某处，此位置将在绘图区居中。

（3）缩放工具

①调用命令的方式

a. 工具栏：🔍。

b. 菜单："镜头"＞"缩放"。

c. 命令行：Z。

②命令格式

a. 缩放视图：在使用任何工具的状态下，滑动滚轮即可实现视图的缩放。向前滑动视图放大，向后滑动视图缩小。且在激活状态下，向上拖动为放大，向下拖动为缩小。

b. 调整广角：激活状态下，按住"Shift"键，再上下拖动鼠标即可实现广角视野的变换。

（4）缩放窗口工具

①调用命令的方式

a. 工具栏：🔎。

b. 菜单："镜头"＞"缩放窗口"。

c. 命令行：Ctrl＋Shift＋W。

②命令格式：激活工具，鼠标左框选定要局部放大的区域后松开左键，框选区域会充满视窗。

（5）缩放范围工具

①调用命令的方式

a. 工具栏：✖。

b. 菜单："镜头"＞"缩放范围"。

c. 命令行：Ctrl＋Shift＋E。

②命令格式：场景中所有可见实体在当前视图最大化。

（6）上一视图工具 恢复视图的变更，回到上一状态。

2.3 投影

（1）平行投影（轴测投影） 轴测图与透视图一样是三维视图，但没有近大远小的透视变化。距离视点近的物体与距离远的物体大小一样，如图2-7所示。

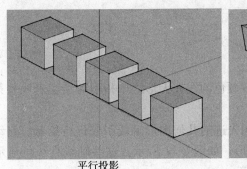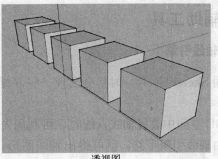

平行投影   透视图

图 2-7　平行投影

平行投影不常用，一般只有导出二维效果图时，才会处于此状态，如图 2-8、图 2-9 所示。

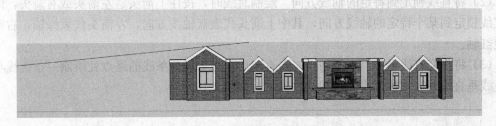

图 2-8　透视下的右视图

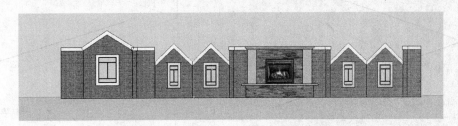

图 2-9　平行投影下的右视图（无任何透视效果）

（2）透视图　透视图是模拟人的视觉特征，使图形有近大远小的消失关系，上面已经将其与平行投影做了充分的对比，是绘图者常用的视图方式。

（3）两点透视图　两点透视是一种常用的绘图技术，在此状态下，模型中的所有垂线都显示为竖线。使用"两点透视图"菜单项获得模型的两点透视图，进入"平移"工具在模型四周平移，可看出透视图与两点透视图的不同，如图 2-10 所示。

（a）两点透视图　　　　　　　　（b）透视图

图 2-10　两点透视图与透视图

2.4 辅助工具

2.4.1 轴线引擎

使用 SketchUp 时，时常会出现一些带颜色的线在无形之中指引着绘图者顺着某些方向前行。

在 3D 空间中放置轴线直线时，可利用先进的几何图形轴线引擎进行绘制。启动直线工具后，由轴线引擎带路，就可得出轴线图形，如图 2-11 所示。这些轴线直线可显示绘制的直线及模型的几何图形是否与轴线准确对齐。

（1）将直线锁定到当前的轴线方向　当绘制的直线显示某个轴线的颜色时，按住 "Shift" 键即可将绘图操作锁定到该轴线上，如图 2-12 所示。

（2）将直线锁定到特定的轴线方向　绘制直线时，按住上箭头、左箭头或右箭头，即可将直线锁定到某个特定的轴线方向，其中上箭头代表蓝轴线方向，左箭头代表绿轴，右箭头代表红轴。

（3）将相交直线垂直　当绘制出一条直线后，想要在此条线的终点处绘制一条直线与已知直线垂直，只需观察直线颜色和软件提示，如图 2-13 所示。

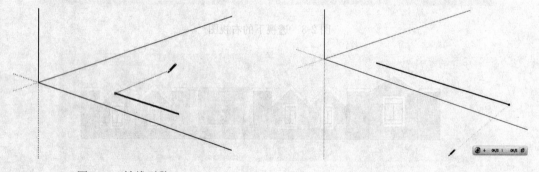

图 2-11　轴线引擎　　　　　　　　　　图 2-12　按住 "Shift" 锁定轴线方向

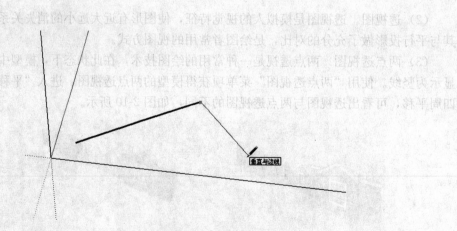

图 2-13　两条线成垂直关系

2.4.2 卷尺工具

卷尺工具既可以测量距离，也能用来创建辅助线或菜单点。

（1）调用命令的方式

①工具栏：🔍。

②菜单："工具">"卷尺工具"。

③命令行：T。

（2）命令格式

①测量距离

a. 选择卷尺工具🔍。借助轴线引擎的提示，可以确保点击测量起点的精确性。鼠标向要测量的方向移动。一条带有起点、在终点处标有箭头的临时测量卷尺将随着鼠标的移动而延伸，单击测量的终点，最终距离会显示在数值控制栏中。

b. 单击起点终点，最终距离会显示在数值控制栏中。

📎 卷尺工具的测量卷尺功能与辅助线功能大致相同，当与某条轴线平行时，也会变成相应轴线的颜色。

②创建辅助线：几何体的精准绘图操作离不开辅助线。使用卷尺工具创建一条无限的平行辅助线操作如下：

a. 点击卷尺工具🔍。

b. 点击与辅助线平行的直线，设定测量的起点。必须选择线段起点和终点之间的"在边线上"或"中点"的点。

c. 向测量的方向移动鼠标，此时会出现一条临时测量卷尺和一条辅助线从起点处展开，如图 2-14 所示。

📎 想要精确的辅助线距离可在数值控制栏中输入，激活工具后按住"Shift"键可锁定辅助线的轴方向。

③利用卷尺工具对物体进行拉伸。具体做法如下：

a. 选择卷尺工具🔍。

b. 鼠标向要测量的方向移动，并点击所在终点。

c. 点击后，在数值控制栏中输入想要的数值，按"Enter"键确定，弹出如图 2-15 所示，点击"是"。

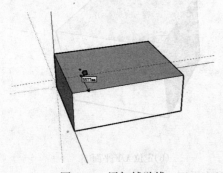

图 2-14 添加辅助线

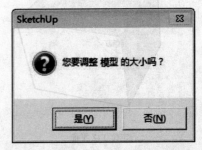

图 2-15 提示"是否想要调整模型大小"

需要注意的是，使用此工具时，不但需要拉伸的模型会根据比例进行拉伸，场景中的其他物体也会随着进行大小变换，所以在拉伸模型时最好将它置于单独的 SketchUp 文件中。

2.4.3 量角器工具

量角器工具具有测量角度和创建角度辅助线的双重作用。

（1）命令调用方式

①工具栏：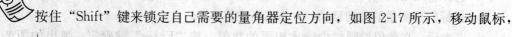。

②菜单："工具" > "量角器"。

（2）命令格式　用量角器工具测量角度，如图 2-16 所示。

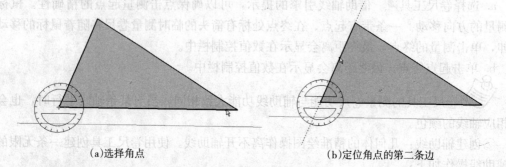

(a)选择角点　　　　　　　　　(b)定位角点的第二条边

图 2-16　测量角度

①点击量角器工具。出现一个量角器，中心位于鼠标处。

②当在模型中移动鼠标时，量角器会根据旁边的坐标轴和几何体改变自身的定位方向。

③把量角器的中心设在要测量的角的顶点上。根据参考提示确认是否指定了正确的点。点击确定。

④将量角器的基线对齐到测量角的起始边上，根据参考提示确认是否对齐到适当的线上。点击确定。

⑤拖动鼠标旋转量角器，捕捉要测量的角的第二条边。鼠标处会出现一条绕量角器旋转的点式辅助线。再次点击完成角度测量。角度值会显示在数值控制框中。

按住"Shift"键来锁定自己需要的量角器定位方向，如图 2-17 所示，移动鼠标，

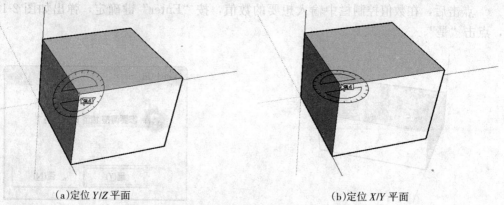

(a)定位 Y/Z 平面　　　　　　　　　(b)定位 X/Y 平面

图 2-17　确定量角器所在平面

量角器会依附在不同的平面上。通过输入具体角度并添加辅助线，其步骤和上述类似，只需在确认角度的一条边后，在右下方的数值控制栏中输入角度（例如 60.5）或斜率（1:5），按"Enter"结束命令，如图 2-18 所示。

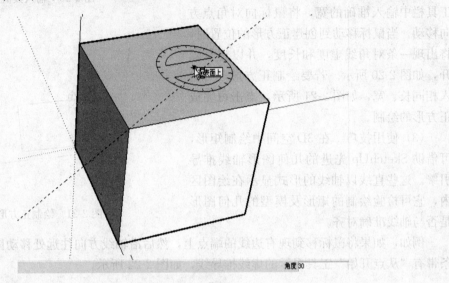

图 2-18　指定角度

2.5　绘制图形

2.5.1　矩形工具

矩形工具可绘制平面矩形图形，单击所需绘制矩形的两个对角即可实现矩形的绘制。

（1）命令调用方式

①工具栏：▧。

②菜单："绘图">"矩形"。

（2）命令格式　选择矩形工具▧ ⇨单击设置矩形的第一个角点⇨按对角线方向移动鼠标⇨单击设置矩形的第二个角点，如图 2-19 所示。

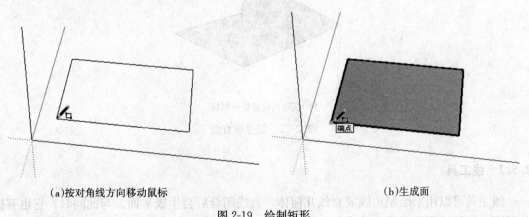

（a）按对角线方向移动鼠标　　　　　　　　　　（b）生成面

图 2-19　绘制矩形

想要绘制尺寸精确的矩形，只要确定第一个角后或矩形绘制完成后，在数值工具栏中输入准确的宽，将鼠标向对角点方向移动。当鼠标移动到创建正方形的位置时，将出现一条对角线虚度和长度，并以逗号隔开，如图 2-20 所示。若要绘制正方形，可输入相同长、宽，如图 2-21 所示，点击可完成正方形的绘制。

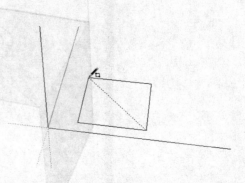

图 2-20 输入数值

（3）使用技巧 在 3D 空间中绘制矩形，可借助 SketchUp 先进的几何图形轴线推导引擎。这些直线以轴线的形式显示在绘图区内，它可检验绘制的矩形及模型的几何图形是否与轴线准确对齐。

图 2-21 绘制正方形

例如，如果将鼠标移到现有边线的端点上，然后沿轴线方向往远处移动鼠标，将出现一条带有"从点开始"工具提示的虚线推导线，如图 2-22 所示。

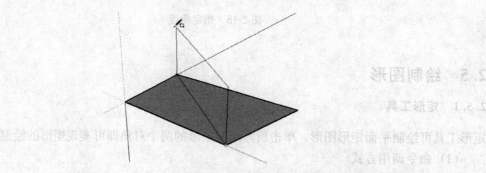

（a）将鼠标从一个边线端点拖拽到另一个端点，继而沿垂直方向拖动鼠标

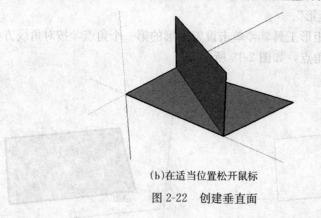

（b）在适当位置松开鼠标

图 2-22 创建垂直面

2.5.2 线工具

线工具可以用来绘制边线或直线几何体，直线闭合后会生成平面。与此同时，它也有拆分平面或恢复被删除的平面的功能。

（1）命令调用方式

①工具栏：✎。

②菜单："绘图">"线条"。

③命令行：L。

（2）命令格式

①绘制直线：启动线工具✎⇨将鼠标放在直线的起点，单击鼠标⇨将鼠标移至直线的终点，点击鼠标。

☞ 线工具绘制的每条直线的终点系统会自动默认为下一条直线的起点，若想继续创建直线，移动鼠标，再次点击鼠标即可。在绘制直线的起点后，直线的长度将显示在数值控制栏中的标签上，可在确定起点或终点后输入精确的数值。

②绘制/分割平面

a. 三条或三条以上在终点和起点处相交的共面直线可形成平面几何体，如图 2-23 所示。

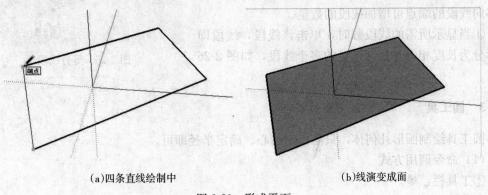

(a)四条直线绘制中   (b)线演变成面

图 2-23 形成平面

b. 连接平面上任意两条边线上的任意两点，绘制一条直线即可实现拆分该平面，如图 2-24 所示。

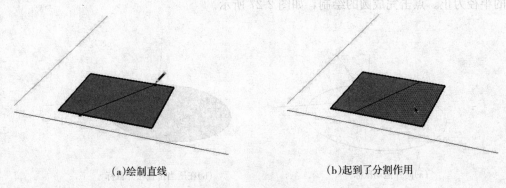

(a)绘制直线   (b)起到了分割作用

图 2-24 拆分平面

☞ 当交叉线没有起到分割平面的作用时，在确定打开轮廓线的条件下，所有显示相对较粗的线都不是图形的边线，这时需要用线工具再绘制一遍，SketchUp 会重新整合这条线和几何体，如图 2-25 所示。

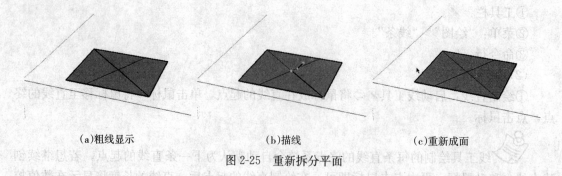

(a)粗线显示　　　　　　(b)描线　　　　　　(c)重新成面

图 2-25 重新拆分平面

（3）应用实例 线段可被分割为任意数量的相等线段，要将线段分为相等的多个线段。

①使用选择工具选中线段。

②在下拉菜单中选择"编辑">"边线">"拆分"。

③将鼠标移向线段中点可减少线段的数量，将鼠标移向线段的端点可增加线段的数量。

④当显示所需的线段数时，单击该线段，线段即被拆分为长度相等并相互连接的多个线段，如图 2-26 所示。

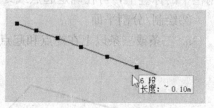

图 2-26 等分线段

2.5.3 圆工具

圆工具绘制圆形几何体，只需指定圆心、确定半径即可。

（1）命令调用方式

①工具栏：◉。

②菜单："绘图">"圆"。

③命令行：C。

（2）命令格式 选择圆工具◉⇨点击绘制圆形的圆心⇨确定圆心后鼠标向外移动，直到圆的半径为止。点击完成圆的绘制，如图 2-27 所示。

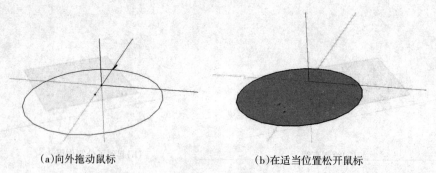

(a)向外拖动鼠标　　　　　　(b)在适当位置松开鼠标

图 2-27 绘制圆

想要精确尺寸的圆，可在数值控制栏中输入半径值。在设计中存在着很多圆形的物体，如花坛、广场、铺装、水池等组合设计，如图 2-28 所示。

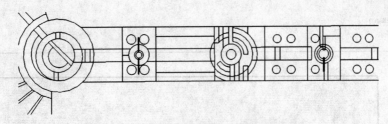

图 2-28 以圆形为主要构成要素的小广场

2.5.4 圆弧工具

圆弧工具是用来绘制圆弧曲线的。圆弧从结构上是由多个直线段连接而成,但也可以对其进行圆弧一样的编辑。圆弧几何体包含三个指标:起点、终点和矢高。起点和终点之间的距离称为弦长。

(1) 命令调用方式

①工具栏: ⬠。

②菜单:"绘图">"圆弧"。

③命令行:A。

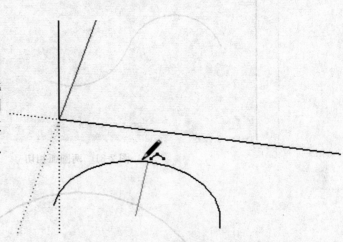

图 2-29 确定圆弧的矢高

(2) 命令格式 选择圆弧工具⬠,单击鼠标作为圆弧的起点⇨单击鼠标放置圆的终点⇨此时在起点和终点之间会出现一条直线,沿着此条直线的垂直方向移动确定矢高,如图2-29所示。

想要创建尺寸精确的圆弧,可在数值控制栏中输入矢高或弧长,按"Enter"结束命令。

①当拉出矢高部分时,圆弧变成半圆时会有暂时的停顿,如图 2-30 所示。请留意半圆推导工具的提示,注意圆弧在何时变成半圆。

②如果完成一个圆弧的绘制,从圆弧的终点继续创建下一个圆,当两个圆弧相切时,圆弧工具会变成青色,如图2-31所示。

③若要修改已绘制的圆弧,可使用移动工具,单击移动工具,再单击圆弧几何体的中点调整矢高,如图 2-32、图2-33 所示;点击起点或终点调整弧长,如图 2-34 所示。

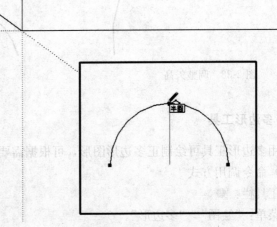

图 2-30 半圆提示

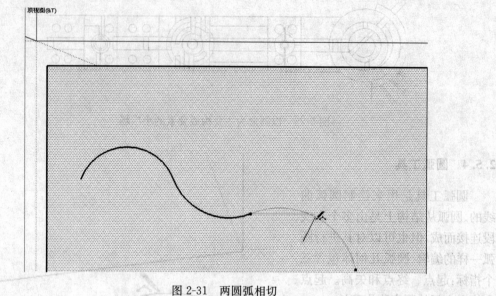

图 2-31　两圆弧相切

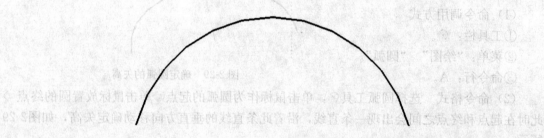

图 2-32　待修改原图

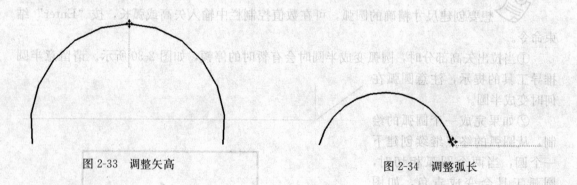

图 2-33　调整矢高　　　　　　　　　　　　　　图 2-34　调整弧长

2.5.5　多边形工具

使用多边形工具可绘制正多边形图形，可根据需要指定中心点、半径、边数。

（1）命令调用方式

①工具栏：。

②菜单："绘图">"多边形"。

（2）命令格式　启动多边形工具⇨点击鼠标左键，确定多边形的中心点⇨将鼠标从中心点向外移出，以调整所画多边形的半径，如图 2-35 所示。

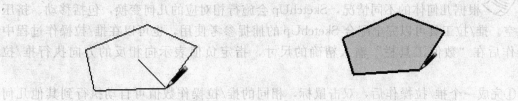

（a）向外拖动鼠标　　　　　　　　　　（b）在适当位置松开鼠标

图 2-35　绘制多边形

可在启动多边形工具后在"数值控制栏"中输入想要画的多边形边数，按回车键，单击确定中心点后，鼠标指引多边形方向，输入半径尺寸，按回车键完成绘制。也可绘制完成后在"数值控制栏"中输入边数，后面加上 S，然后按回车键再输入多边形半径。

2.6　创建三维模型

2.6.1　推/拉工具

推/拉工具的主要功能是推拉平面几何体，为模型增加或减少几何体。也可将所有类型的平面（包括圆形、矩形和抽象平面）创建成三维几何体。

（1）命令调用方式

①工具栏：◈。

②菜单："工具">"推/拉"。

③命令行：P。

（2）命令格式

启动"推/拉"工具◈⇨点击所要推/拉的平面后直接拖动鼠标进行操作⇨移动鼠标调整几何体体积的大小，在理想位置单击鼠标结束命令，如图 2-36 所示。

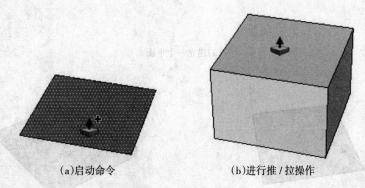

（a）启动命令　　　　　　　　　　（b）进行推/拉操作

图 2-36　推/拉物体

　　根据几何体的不同情况，SketchUp会施行相对应的几何变换，包括移动、挤压或挖空。推/拉工具可以完全配合SketchUp的捕捉参考使用，也可以在推/拉操作过程中或操作后在"数值工具栏"输入精确的尺寸，指定负值表示向相反的方向执行推/拉命令。

　　①完成一个推/拉操作后，双击鼠标，相同的推/拉操作数值可自动执行到其他几何体上。

　　②推/拉平面（点击平面，移动再点击），按下"Ctrl"键然后松开，鼠标将带一个加号，最上层平面会默认为新的推/拉命令的起点，如图2-37所示。

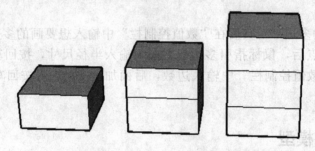

图2-37　按住"Ctrl"进行连续推/拉操作

　　上述两种方法可以同时使用，即先按住"Ctrl"键进行翻面，再双击重复相同的推/拉高度。对于快速创建多层建筑非常有用，也可以制作一个简单的楼梯，如图2-38所示。

　　③当几何体内部执行推拉操作时，推/拉工具会在这个物体内部向后产生作用，生成新的几何体。如果向后的作用穿透几何体，SketchUp将减去新的几何体，创建出一个3D孔

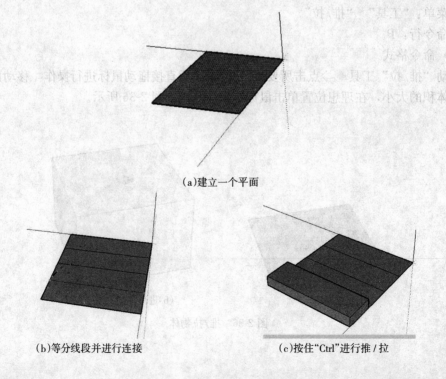

(a)建立一个平面

(b)等分线段并进行连接　　(c)按住"Ctrl"进行推/拉

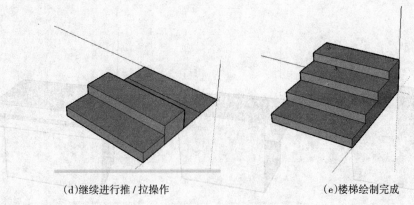

(d)继续进行推／拉操作　　　　　　　(e)楼梯绘制完成

图 2-38　绘制简单的楼梯

洞，如图 2-39 所示。

图 2-39　挖空物体

2.6.2　跟随路径工具

跟随路径就是将某一截面沿着某一路径进行复制形成三维几何体的建模过程。尝试为模型添加细节（如天花角线）时此工具特别有用，它还可沿路径手动或自动拉伸平面。

（1）命令调用方式

①工具栏：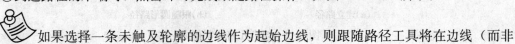。

②菜单："工具">"跟随路径"。

（2）命令格式

①确定要修改的几何图形的边线，此边线将作为路径。

②绘制跟随路径的剖面，确保剖面与路径成垂直关系，如图 2-40（a）所示。

③点击创建的剖面。

④鼠标单击跟随路径工具。

⑤沿路径拖动鼠标，会用红色强调路径，沿着模型边线拖动鼠标即可完成跟随路径，如图 2-40（b）所示。在启动跟随路径工具时，剖面必须紧靠轮廓的路径段，保证位置关系的精确。

⑥到达路径的末端时，点击即可完成跟随路径操作，如图 2-40（c）所示。

如果选择一条未触及轮廓的边线作为起始边线，则跟随路径工具将在边线（而非

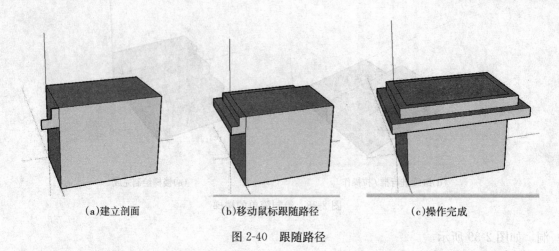

(a)建立剖面   (b)移动鼠标跟随路径   (c)操作完成

图 2-40   跟随路径

从该轮廓）开始拉伸，如图 2-41 所示。

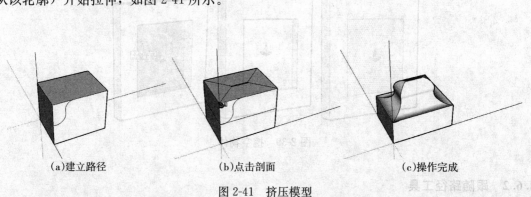

(a)建立路径   (b)点击剖面   (c)操作完成

图 2-41   挤压模型

　　既然可以在几何体上增加装饰品，也可沿某一路径挤压模型。只需激活路径跟随工具，按住"Alt"键后点击剖面，然后将指针放置到要修改的表面上，路径会自动闭合。

　　还可借助跟随路径工具沿圆形路径创建比较规则的旋转体，如圆锥、球体等。如图 2-42、图 2-43 所示，只需绘制一个圆并将圆的边线作为路径、一个垂直于该圆的截面，最后执行路径跟随命令。

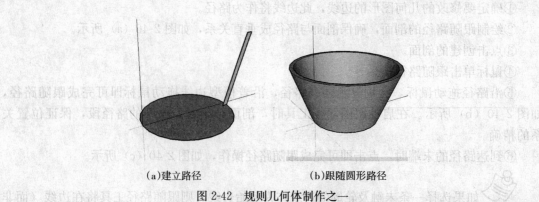

(a)建立路径   (b)跟随圆形路径

图 2-42   规则几何体制作之一

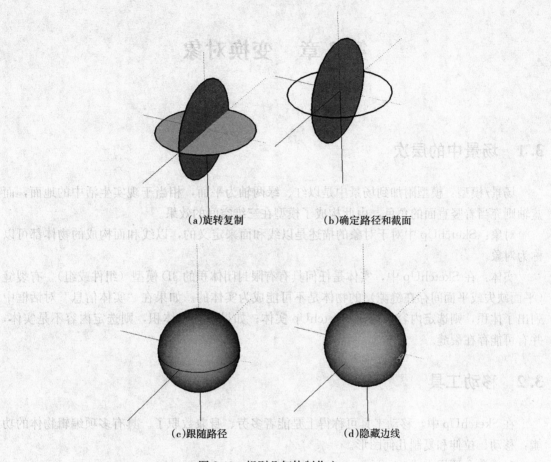

(a)旋转复制

(b)确定路径和截面

(c)跟随路径

(d)隐藏边线

图 2-43 规则几何体制作之二

第 3 章　变换对象

3.1　场景中的层次

场景/模型：模型附加到场景中是以红、绿两轴为平面，相当于现实生活中的地面，而蓝轴则充当着竖直面的角色，由此构成了模型在三维空间的效果。

对象：SketchUp 中对于对象的描述是以线和面来定义的，以线和面构成的物体都可以称为对象。

实体：在 SketchUp 中，实体是任何具有有限封闭体积的 3D 模型（组件或组）。有裂缝（平面缺失或平面间存在缝隙）的物体是不可能成为实体的。如果在"实体信息"对话框中列出了体积，则选定内容一定是 SketchUp 实体；如果未列出体积，则选定内容不是实体，并有可能存在裂缝。

3.2　移动工具

在 SketchUp 中，移动工具可称得上是能者多劳、身兼数职了。具有多项编辑物体的功能：移动、拉伸和复制几何图形。

（1）命令调用方式

①工具栏：✥。

②菜单："工具">"移动"。

③命令行：M。

（2）命令格式

①移动命令格式：启动移动工具✥⇨点击几何体开始移动操作，所选的几何体会随着鼠标移动⇨点击目标点完成移动操作。

若要同时移动多个物体，可在执行移动操作前预先选中这些几何体，单击几何体的位置将作为所有几何体的移动点。

②复制命令格式：启动选择工具▸⇨选中要复制的多个几何体⇨点击移动工具，按下随即松开"Ctrl"键⇨点击要复制的选定几何体⇨移动鼠标即可复制几何体⇨点击目标点完成复制操作。

此时，复制的几何体将被选中，而原始几何体则被取消选中。按住"Ctrl"键会给 SketchUp 传递一个信息：即将执行复制所选几何体的命令。

③拉伸几何体命令格式：当移动的几何体与其他几何体互相连接时，SketchUp 将根据需要拉伸几何图形，还可以采用这个方法移动点、边线和平面，如图 3-1 所示。

拉伸对象还可以通过移动单条线段来实现。在图 3-2 示例中，一条直线被选中并沿蓝色方向向上移动，可形成倾斜的屋顶。

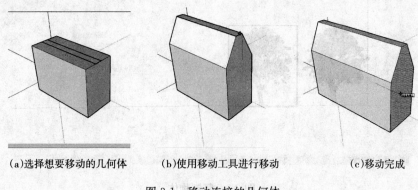

(a)选择想要移动的几何体　　　　(b)使用移动工具进行移动　　　　(c)移动完成

图 3-1　移动连接的几何体

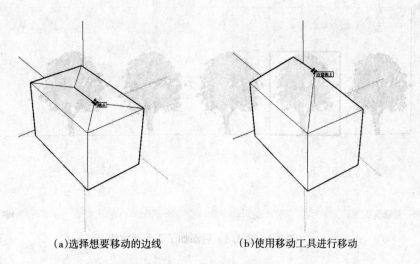

(a)选择想要移动的边线　　　　　(b)使用移动工具进行移动

图 3-2　移动边线

（3）应用实例　移动工具还可用于创建间隔相等的副本。在园林中存在许多排列规则的物体，如一排间距相等的行道树、路灯。创建一个或多个几何体的多个副本：启动选择工具 ➡选择要复制的一个或多个几何体➡启动"移动"工具 ➡按下随即松开"Ctrl"键➡移动鼠标即可复制几何体。

若想要两几何体之间有一个精确的尺寸，可以在数值控制栏输入想要的间隔距离；若想复制相同距离的几个物体，则可在输入距离后再输入一个数值，可以创建多个副本。例如，输入 3 ∗（或 ∗ 3）可以再创建 2 个副本。若输入/6（或/6 ∗）即可在原始几何体和第一个副本之间创建均匀分布的 5 个副本，如图 3-3、图 3-4、图 3-5所示。

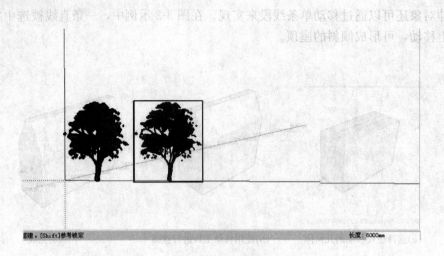

图 3-3 复制物体

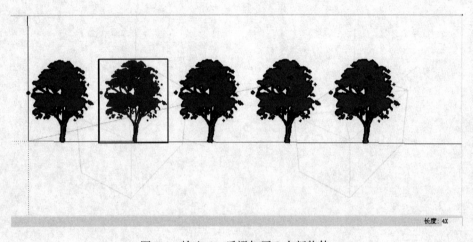

图 3-4 输入 4 * 后添加了 3 个新物体

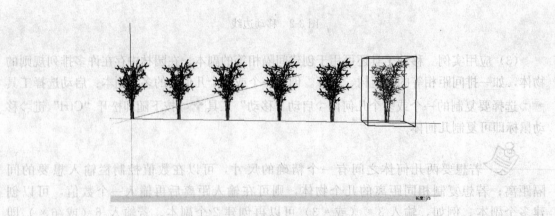

图 3-5 输入/5 在已知物体与新物体之间增加了 4 个新物体

3.3　旋转工具

旋转的物体处于同一平面上时，使用旋转工具，可沿圆形路径旋转、复制几何体。若是对几何体的某个部分进行旋转，则物体会产生拉伸、扭曲。

（1）命令调用方式

①工具栏：。

②菜单："工具">"旋转"。

③命令行：Q。

（2）命令格式　旋转命令格式如下：激活选择工具⇨选中要旋转的几何体⇨启动"旋转"工具⇨移动鼠标到旋转的基点处，如图 3-6 所示⇨确定所要旋转的平面后点击旋转的基点（按住"Shift"键有助于快速锁定所要旋转平面）⇨移动鼠标，使鼠标位于旋转的终点处，单击结束命令。

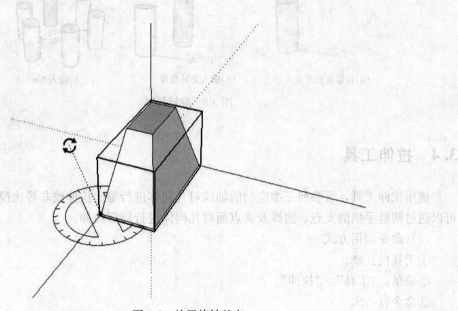

图 3-6　放置旋转基点

①如果在"场景信息"对话框的"单位"面板中选中了"启用角度捕捉"复选框，则靠近量角器的移动将引起角度捕捉，而远离量角器的地方则可以自由旋转。

②当对几何体的某一部分执行旋转命令时，如果旋转动作导致平面自身的扭曲，或因其他原因变成非共面，则这些旋转活动将激活 SketchUp 的自动折叠功能，如图 3-7 所示。

③和移动工具一样，旋转前按住"Ctrl"键并确定轴心点的位置就可以进行环形阵列，如图 3-8 所示。

④若要旋转精确的尺寸，可在数值控制栏中输入角度值。

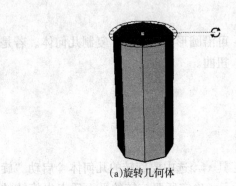
(a)旋转几何体

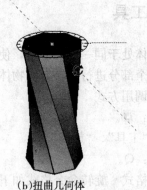
(b)扭曲几何体

图 3-7 扭曲几何体

(a)指定旋转基点

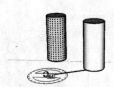
(b)输入旋转角度

(c)输入 5×

图 3-8 旋转复制

3.4 拉伸工具

使用拉伸工具，可参照三维空间的轴线对几何体进行等比拉伸或非等比拉伸。此外，还可以通过调整手柄的夹点、边线及夹点面对几何体进行局部拉伸。

（1）命令调用方式

①工具栏：■。

②菜单："工具"＞"拉伸"。

③命令行：S。

（2）命令格式

①三维物体的拉伸

A．对几何体上的面拉伸

a．启动拉伸工具■。

b．点击面，调整手柄将附着在所选几何图形的周围，如图 3-9 所示。

c．点击调整手柄，SketchUp 将用红色强调所选的手柄及其相对的手柄。调整手柄的每个节点可形成不同的拉伸效果。

d．移动鼠标可调整面比例。调整比例时，数值工具栏将显示面的相对尺寸。在完成调整比例操作后，输入所需的比例尺寸。比例小于 1 为缩小，大于 1 则为放大。

B．对几何体拉伸

a．选中几何体，启动拉伸工具■。

b. 将鼠标移动到调整手柄上，进行拉伸。

c. 单击体对角线上的控制手柄为等比拉伸。

d. 单击某一平面的对角线非等比拉伸。

SketchUp 的自动折叠功能可自动应用所有的调整比例操作。SketchUp 将在一定条件下创建折叠线，以维持平面共面。选择不同的拉伸节点会有不同的效果，如图 3-10、图 3-11、图 3-12 所示。

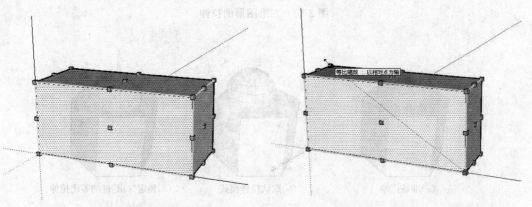

图 3-9　绿色角点为调整手柄　　　　　图 3-10　等比拉伸（沿着体对角线进行拉伸）

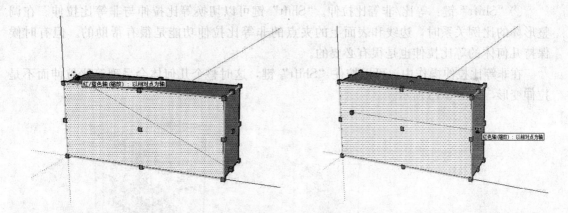

图 3-11　非等比拉伸（沿着某一平面的对角线进行拉伸）　　　图 3-12　单个轴的拉伸（相当于对面的拉伸）

②二维表面或图像的拉伸：调整二维表面或图像的比例与调整三维几何图形的步骤大致相同。调整二维平面的比例时，调整比例工具的边框将包含九个调整手柄，对任意两个轴的拉伸为等比拉伸，而对一个轴的拉伸为非等比拉伸，如图 3-13 所示。

③组件和组的拉伸：拉伸组件和组与拉伸普通的几何体不同。要在组件内部进行拉伸，这样组件的属性才会发生根本的改变，从而所有的关联组件都会相应地进行拉伸。但可以直接对组进行拉伸，组不会与其他物体相关联。

（3）使用技巧

①"Ctrl"键：中心拉伸。夹点拉伸的默认行为是以所选夹点的对角夹点作为拉伸的基点。但是，可以在拉伸的时候按住"Ctrl"键进行中心拉伸，如图 3-14 所示。

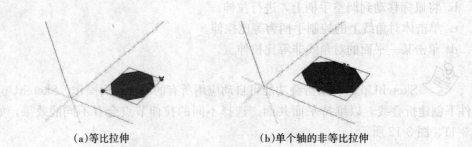

（a）等比拉伸 　　　　　　　　（b）单个轴的非等比拉伸

图 3-13　二维图形的拉伸

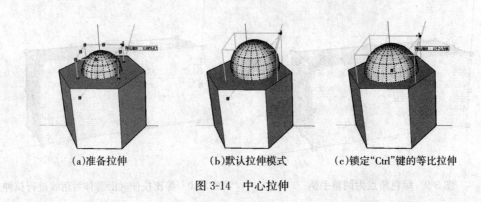

（a）准备拉伸　　　　（b）默认拉伸模式　　　（c）锁定"Ctrl"键的等比拉伸

图 3-14　中心拉伸

② "Shift"键：等比/非等比拉伸。"Shift"键可以切换等比拉伸与非等比拉伸。在调整形体的比例关系时，边线和表面上的夹点的非等比拉伸功能是很有帮助的。但有时候保持几何体的等比拉伸也是很有必要的。

在非等比拉伸操作中，可以按住"Shift"键，这时整个几何体会呈现等比拉伸而不是拉伸变形，如图 3-15 所示。

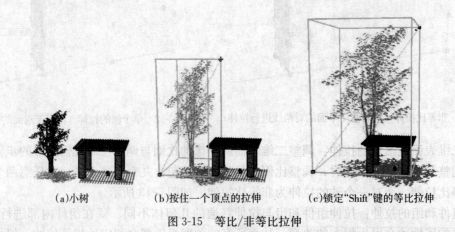

（a）小树　　　　　（b）按住一个顶点的拉伸　　　（c）锁定"Shift"键的等比拉伸

图 3-15　等比/非等比拉伸

同样的，在使用对角夹点进行等比拉伸时，可以按住"Shift"键切换到非等比拉伸。

③ "Ctrl＋Shift"键：同时按住"Ctrl"键和"Shift"键，可以切换到所选几何体的等比/非等比的中心拉伸。

④使用坐标轴工具控制拉伸的方向：可以先用坐标轴工具重新放置绘图坐标轴，然后精

准的拉伸就可以在各个方向进行。这样就可以借助比例工具在新的红/绿/蓝轴方向进行定位和控制夹点方向，如图 3-16 所示。这也是在某一特定平面上对几何体进行镜像操作的便利方法。

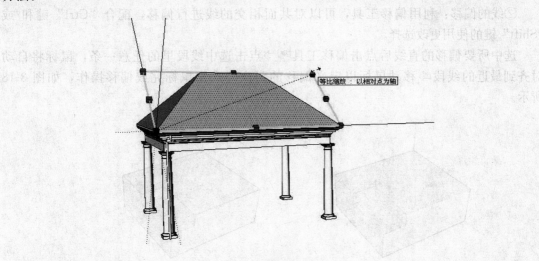

图 3-16　对斜面进行拉伸

3.5　偏移工具

偏移工具可对已知几何体的面或一组共面的线进行向内或向外的偏移复制。

（1）命令调用方式

①工具栏：⬚。

②菜单："工具" > "偏移"。

③命令行：F。

（2）命令格式

①面的偏移：点击偏移工具⬚⇨选择所在表面的一条边线⇨移动鼠标以调整偏移的尺寸⇨点击完成偏移操作，如图 3-17 所示。

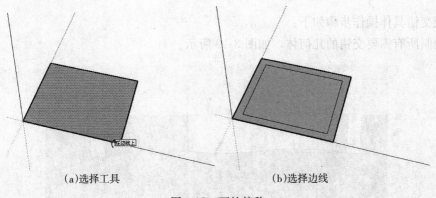

（a）选择工具　　　　　　　　　　　　（b）选择边线

图 3-17　面的偏移

一次只能用偏移工具选择一个面。偏移距离可在数值工具栏中动态显示，可输入具体的偏移距离，按"Enter"键完成输入。

②线的偏移：利用偏移工具，可以对共面相交的线进行偏移，配合"Ctrl"键和/或"Shift"键的使用更改选择。

选中所要偏移的直线后点击偏移工具 ⚫⇨点击选中线段里的任意一条，鼠标将自动对齐到最近的线段⇨移动鼠标以定义偏移的距离⇨点击鼠标完成偏移操作，如图3-18所示。

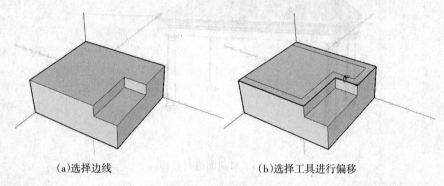

(a)选择边线   (b)选择工具进行偏移

图3-18 线的偏移

第二种方法是点击并按住鼠标进行拖曳，并在恰当的位置松开鼠标。当对圆弧进行偏移时，偏移的圆弧会降级为曲线，将不能按圆弧的定义对其进行编辑。

3.6 交错

在3ds Max中借助布尔运算将两个模型完美地"结合"，从而产生更复杂的对象。而在SketchUp中，通过交错也可以创造新的几何模型。

3.6.1 模型交错

模型交错具体操作步骤如下：

①绘制所有需要交错的几何体，如图3-19所示。

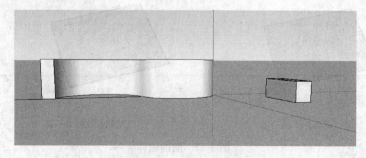

图3-19 若干几何体

②移动几何体，使其处于相交状态，如图 3-20 所示。

③选中所有几何体，点击鼠标右键，选择"相交面">"与模型"，或在菜单中选择"编辑">"相交平面">"与模型/与选项/与环境"。

④删除多余的面和线，得到新形体，如图 3-21 所示。

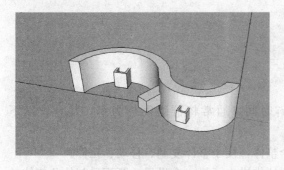 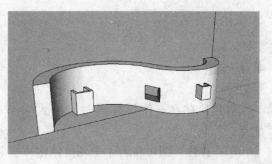

图 3-20　相交状态　　　　　　　　　　　　图 3-21　删除多余部分

3.6.2　模型与组交错

在不同操作环境下，模型"结合"后所产生的边线隶属的层级关系也不同。若组在编辑状态下与模型交错，则边线隶属于组件，如图 3-22 所示；若在选中状态下，则隶属于其他物体；若组与组相交且均未处于编辑状态，则边线不隶属于任何一方。

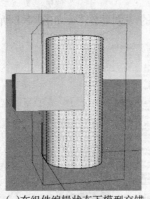 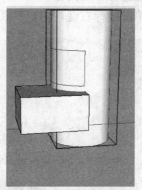

(a)在组件编辑状态下模型交错　　　　　(b)边线隶属模型

图 3-22　边线隶属关系

第4章　组、组件、图层

4.1　组

群组的存在，使得建模时能够大大节省时间。通常将群组简称为组，其具有以下优点：

①一体性：组可将若干个几何体化为一个整体，便于整体复制、移动、拉伸。

②隔离性：若干个实体成为组件后，它们仿佛进入了另一个世界，既不受其他几何体的影响，也不能"干涉"别的模型。

③嵌套性：若干个组仍可再次成组，编制成一个有层级关系的组。

④高效性：用组构成模型，能高效利用计算机的资源，变相为计算机减负。

⑤组的材质：为组添加的材质会赋予所有的默认材质，但已指定的材质不会受到影响。一旦组被炸开，功能失效。

（1）创建组

①选中要成组的若干几何体。

②在选集上单击鼠标右键，单击关联菜单中的"创建组"，如图 4-1 所示。

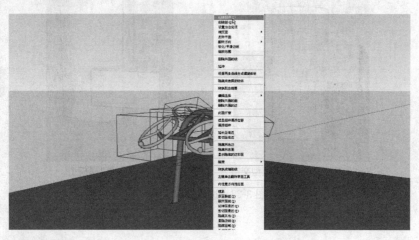

图 4-1　创建组

③创建组成功的标志是在选集外出现一个有颜色的边界框，如图 4-2 所示。

（2）嵌套组　从上面的实例可以看出，在创建组之前，各个几何体已经独自成组，这种组中有组的情况，就形成组的嵌套。

（3）分解组　将组内的几何体分离开来，几何体恢复到原始状态。但若是嵌套组，分解之后各几何体仍成独立状态。具体操作如下：

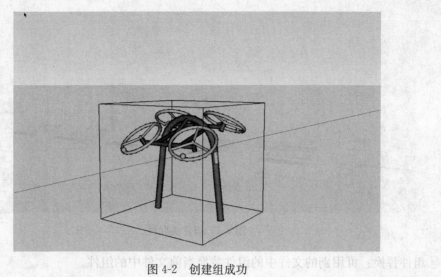

图 4-2 创建组成功

①在选择工具的状态下选中所要分解的组。

②在选集上单击鼠标右键，单击关联菜单中的"分解"。

（4）编辑组 组内的所有物体已和外部隔离，若要修改里面的几何体，需要进入到组内的"世界"，在内部进行编辑、修改。

①在选择工具的状态下选中所要编辑的组，单击鼠标右键，单击关联菜单中的"编辑组"，最简单的方法还是直接双击组件。

②编辑内部组件时，组外的几何体统统"石化"，但仍可以捕捉到外部几何体的点。

③在组外部框的任意一处点击就可关闭组件，或在组件内无几何体区域单击鼠标右键选择"关闭组"，或按"Esc"键。

（5）锁定组

①在选择工具的状态下选中所要锁定的组。

②在选集上单击鼠标右键，单击关联菜单中的"锁定"；或选择"编辑">"锁定"命令。

③锁定后的组会以在"样式"菜单中设定的另一种颜色显示组框，这时组不能执行任何操作，但在视图工具栏中仍可正常显示。

4.2 组件

组件是将一个或多个几何体的集合定义为一个单位，组件除了具备组的特点，还具有自己独特的优势。

①关联变动性：若进入一个组件内部进行编辑，则其他所有的关联组件也会同步更新，能大大节省修改模型的时间，如图 4-3 所示。

②组件库：SketchUp 设置了组件库，可以在任意一个草图文件中插入任意一个组件。

③文件链接：组件不止存在于创建它们的文件中，还可以将组件导出用到别的 skp 文件中。

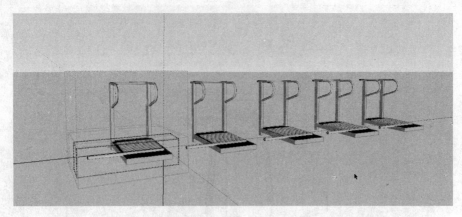

图 4-3 组件关联性

④组件替换：可用别的文件中的组件替换当前文件中的组件。

⑤特殊的对齐行为：组件可以对齐到不同的表面，并在表面产生开口，还可单独设置组件的坐标轴。

4.2.1 创建组件

鼠标左键连续点击三下所要创建为组件的几何体，在选择集上单击鼠标右键，在关联菜单中选择"创建组件"，如图 4-4 所示。

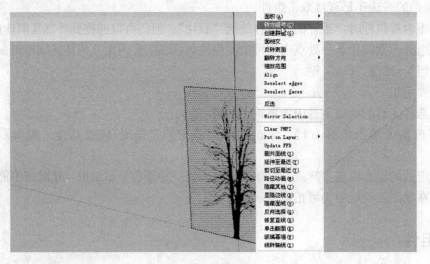

图 4-4 转为组件

这时会弹出如图 4-5 所示的对话框。

设置说明：

（1）常规

①名称：组件的名称可自行定义，也可使用 SketchUp 默认分配的名称。

②描述：可添加一些对组件的注解。

（2）对齐

①黏接至：指定组件插入时所要黏合的平面，从下拉菜单中指定黏合类型。

a. 无：不黏合任何实体所在的平面。

b. 任意：与所在平面黏合。

c. 水平：只黏合水平实体所在的平面。

d. 垂直：只黏合垂直实体所在的平面。

e. 倾斜：只黏合倾斜实体所在的平面。

②切割开口：如果创建的组件必须在表面开洞，如门窗等，可以勾选"切割开口"，组件将在其与表面相交的位置剪切开口。

③总是朝向镜头：使组件的正面与视图保持对齐关系，且不受视图变换的影响。

④阴影朝向太阳：勾选此项后，组件的阴影不会因为视图的变换而产生影响，且易与组件脱离，渲染效果表现极不真实，不建议使用。

⑤设置组件轴：每个组件都有自己独立的坐标轴，建议在设置二维物体（如植物、人等）时要给组件设定组件轴。

除在此选项栏中的设置外，还可以有其他的高级设置。

⑥用组件替换选择内容：将创建组件的源物体直接替换成组件，若不勾选此项，则原来的几何体保持不变。

组件库是软件存储组件的管理器，可把平时常用的组件存放在里面，方便随时使用。SketchUp 有存储组件的默认路径。但也是可以更改的，执行"窗口">"使用偏好">"文件"命令，在"文件"栏中可以找到组件的默认路径，根据自己的存储习惯更改即可。

执行"窗口">"组件"命令，就会出现如图 4-6 所示的组件库对话框，挑选适合的组件，拖到场景中即可。若要添加组件，可以点击组件浏览器上的 ，"打开详细信息"，如图 4-7 所示。

图 4-5　组件设置对话框

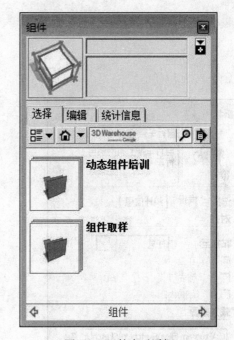

图 4-6　组件库对话框

4.2.2　插入组件

此处提供插入组件的两种方法。

（1）组件库

①打开组件库，选择适合的组件，插入即可。如果想再次放置场景中已有的组件，只需"在模型中"组件库中查找，如图4-8所示。

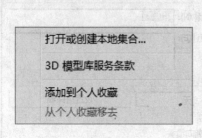

图 4-7 添加组件库

图 4-8 在组件库中查找组件

②在组件库中任意挑选一个组件，选择"编辑"菜单栏，可修改组件的参数。"载入来源"表示组件的存放路径，点击右侧的 📂 图标，可选择其他组件的存放位置，从而替换组件，如图4-9所示。

在组件浏览器中还有一栏为统计信息，点此选项可了解组成组件的详细信息，如图4-10所示。

图 4-9 挑选组件

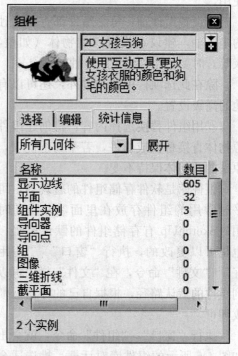

图 4-10 组件浏览器中的"统计信息"

（2）从外部导入组件 在菜单栏中选择"文件"＞"导入"＞"组件"，弹出如图4-11所示的对话框，选中要导入组件的文件。

也可以直接将skp文件拖到绘图窗口中，只需找到存放组件的skp文件，单击鼠标左键不放把文件拖到任何打开的SketchUp绘图窗口中即可。

图 4-11　插入组件

当组件被插入到当前文件中时，SketchUp 文件会自动激活移动工具，且默认的插入点是组件内的坐标原点。

4.3　图层

SketchUp 的图层没有将模型阻隔开，不同图层的线、几何体仍可相交并产生交点。也由于图层具有这样的特点，SketchUp 设置了分层级的组和组件来弥补这个不足。"视图" > "工具条" > 图层可调出图层工具栏。

4.3.1　图层管理器

点击图层工具栏中的 或窗口菜单即可调出图层管理器对话框，如图 4-12 所示。它有助于更好地管理模型中的图层。图层管理器中显示所有图层，并可控制图层的可见性。

（1）添加图层　打开图层管理器对话框，点击 按钮，会自动生成新图层。软件赋予了每个图层不同的颜色，根据作图的需要更改图层名称，点击空白处则接受默认的图层名称，如图 4-13 所示。

（2）删除图层　删除图层点击 按钮即可。如果是空图层，SketchUp 直接删除，若是删除包含实体的图层，则需进行选择性的删除。

（3）名称

①重命名：打开图层管理器对话框，双击"图层"，输入新的名称即可。

②设置当前图层：图层管理器对话框中的 按钮表示当前图层,使用两种办法将图层置

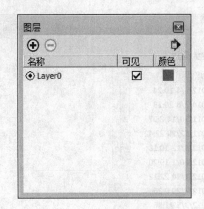

图 4-12　调出图层管理器

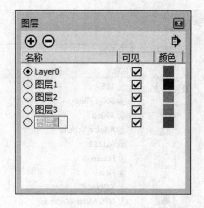

图 4-13　新建图层

为当前：

a. 点击图层工具栏中显示图层名称的对话框，在下拉菜单中选择要置为当前的图层，如图 4-14 所示。

b. 打开图层管理器对话框，在确认未选择任何物体的前提下，在列表中选择要设置为当前图层的名称，点击⊛按钮即可，如图 4-15 所示。

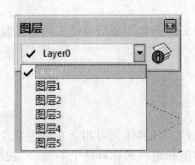

图 4-14　置为当前图层

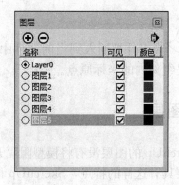

图 4-15　选择图层

③颜色：SketchUp 赋予每个图层不同的颜色，点击图层名称后面的色块，会打开材质编辑器对话框，可重设颜色，如图 4-16 所示。

④详细信息：图层管理器中还有一些扩展功能，单击右上角的⬚可看见里面的功能选项，如图 4-17 所示。

a. 全选：选择模型中所有图层。

b. 清除：删除所有空图层，SketchUp 会不经提示直接删除所有未使用的图层。

c. 图层颜色：单击此选项，SketchUp 会将各图层的颜色应用于图层中的每个物体。可以根据颜色观察到哪些物体隶属于同一图层，也可以快速直观地判断出物体所在的图层。

4.3.2　在图层间搬运对象

在图层间搬运对象的操作步骤如下：

①选择要更换图层的几何体。

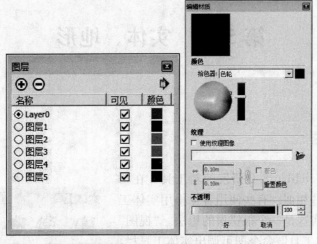

(a)打开图层管理器　　　　　(b)点击颜色色块

图 4-16　重设颜色

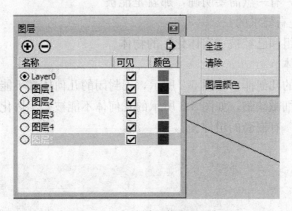

图 4-17　启动详细信息对话框

②图层工具栏的列表框会显示物体所隶属的图层，但若选择多个物体且隶属于不同图层，那么图层将不显示图层名称。

③点击图层列表框的下拉菜单并指定新图层，物体就移动到目标图层中，同时目标图层会变为当前图层。

注：也可以选择物体，在图元信息中更换图层，如图 4-18 所示。

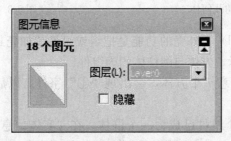

图 4-18　在图元信息中更换图层

第 5 章 实体、地形

5.1 实体工具

实体工具是 SketchUp 8.0 研发的新工具，在功能上与模型交错有些相似。有些使用者觉得用实体工具可代替群组，其实这是一个很错误的想法。"视图">"工具条">"实体工具"命令即可调出实体工具栏，如图 5-1 所示。

图 5-1 实体工具栏

在讲解使用之前，有一点需要明确，那就是能被"实体化"的几何体是有要求的：

①只限于组件、组和已经被"实体化"的物体。

②不能是二维物体。

③必须是全封闭的几何体，如图 5-2 所示，不封闭的几何体都不能被"实体化"。

④几何体不能有细微缺陷，如图 5-3 所示的几何体不能被"实体化"。

⑤不能"实体化"有嵌套的组件。

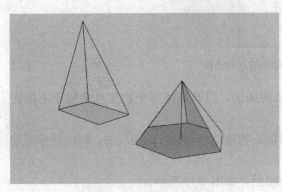
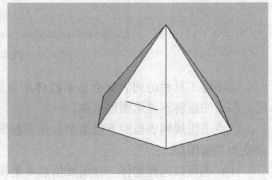

图 5-2 不封闭的几何体　　　　　　　图 5-3 有缺陷的几何体

（1）外壳（Outer-shell）　外壳的功能是把组或组件"加壳封装"，使这些组或组件变成一个整体，如图 5-4 所示，方体与圆柱体均为组件。

选择"外壳"，点击任意一个方体，会出现"①"字样，以后点击的都为"②"，如图 5-5、图 5-6 所示。

点击完成后，发现几个组件已成为一个群体，在"实体信息"中其名称已变为"壳"，如图 5-7 所示。

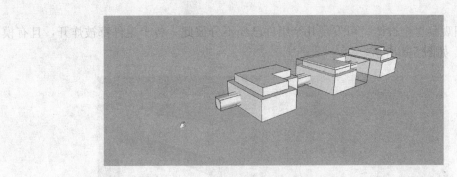

图 5-4　方体与圆柱体组件

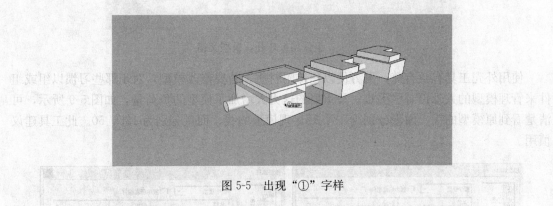

图 5-5　出现"①"字样

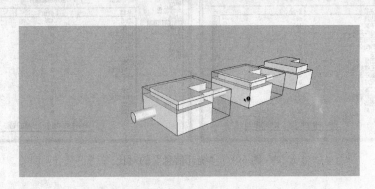

图 5-6　出现"②"字样

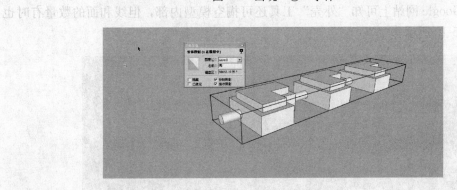

图 5-7　被"壳"化

仔细观察这个群体，可发现几个组件已经不分彼此，各个组件都被炸开，且有模型交错的痕迹，如图 5-8 所示。

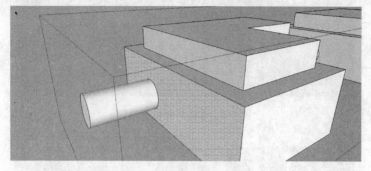

图 5-8　组件均被炸开，模型交错

使用外壳工具有益有弊，可方便以整体附材质，若要修改模型，对于那些习惯以组或组件来管理模型的人恐怕有些困难。最重要的这大大增加了模型的负荷量，如图 5-9 所示，可清楚看到原模型的线、面量分别为 48、18，现模型的线、面量分别为 136、50。此工具建议慎用。

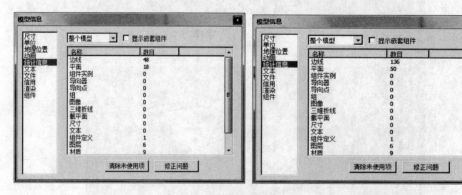

图 5-9　"统计信息"的对比

从 Google 网站上可知"外壳"工具还可掏空模型内部，但线和面的数量有时也会增加，如图 5-10 所示。

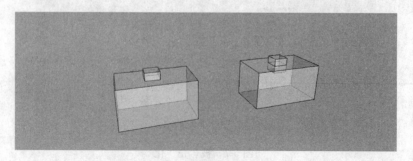

图 5-10　掏空物体内部

（2）相交（Subtract） 顾名思义，就是取两个实体的相交部分，如图 5-11、图 5-12、图 5-13 所示，并且相交也会"实体化"。

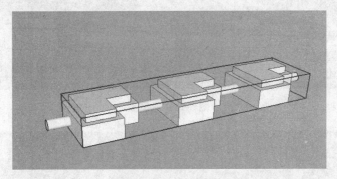

图 5-11 选择方形组件，启动联合工具

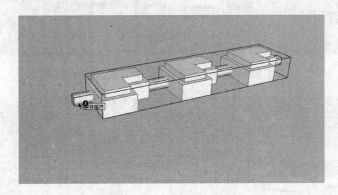

图 5-12 选择柱形组件

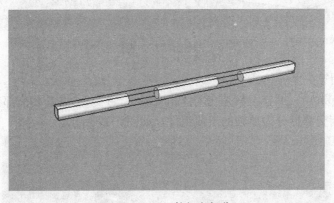

图 5-13 两组件相交部分

（3）联合（Union） 现将由三个方体构成的实体定义为"1"，圆柱体定义为"2"。先点击"1"、再点击"2"，与先点击"2"、再点击"1"结果不同，如图 5-14、图 5-15、图 5-16 所示。

从图片中可以发现，结果与点击顺序息息相关。它是将第二个选定的实体与第一个选定的实体进行合并。然后删除其相交部分，只保留减去其相交部分之后剩余的第二个实体。

（4）减去（Trim） 减去工具仅用于两个实体，其与相交工具的功能相同。减去工具

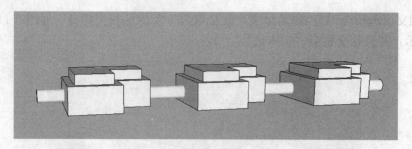

图 5-14　原模型

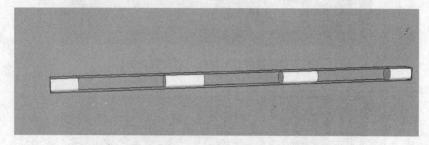

图 5-15　先点击"1"，再点击"2"

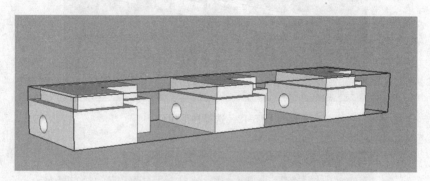

图 5-16　先点击"2"，再点击"1"

不会在结果中保留第一个实体。

（5）拆分（Split）　拆分工具是在实体相交后将"1"（除去其相交部分）、"2"（除去其相交部分）及其相交都拆分为单独的组或组件，如图 5-17 所示。

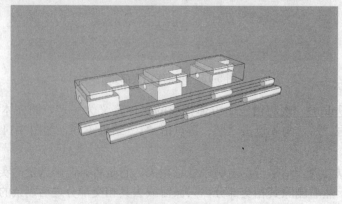

图 5-17　拆分结果

（6）剪辑（Trim） 剪辑工具仅用于两个实体，其与减去工具的功能相同。剪辑工具会在结果中保留第一个实体。

5.2 制作地形

地形是营造自然式园林曲径通幽、柳暗花明的重要手法。在 SketchUp 中，借助地形工具可实现不规则地形的创建。

5.2.1 等高线法创建地形

执行"视图">"工具栏">"沙盒"命令，勾选"沙盒"工具，会弹出沙盒工具栏，如图 5-18 所示。

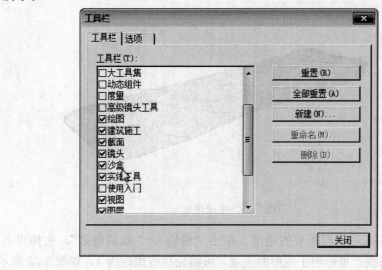

图 5-18 启动沙盒工具

将地形图从 AutoCAD 导入 SketchUp 中，依次将等高线移至相应的高度，如图 5-19、图 5-20 所示。

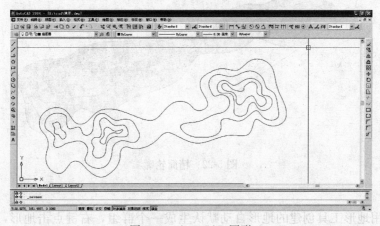

图 5-19 AutoCAD 图形

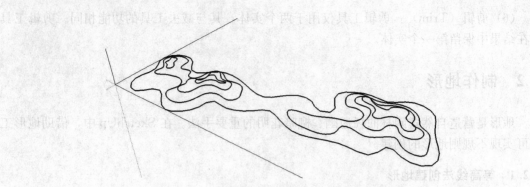

图 5-20　提升高度

选择所有的等高线，点击工具栏中的 ，会生成如图 5-21 所示的图形。

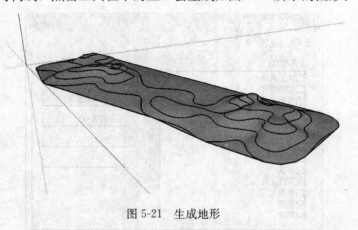

图 5-21　生成地形

显而易见，这并不是我们所要的地形。单击"编辑">"取消隐藏"，去掉没有意义的面。与此同时，等高线严重影响了地形的美观，可将轮廓线值改为1，如图 5-22 所示。

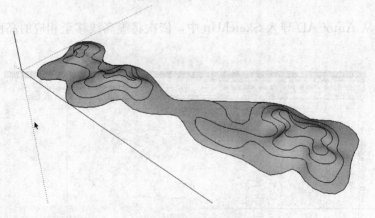

图 5-22　精简轮廓

使用地形工具创建的地形自动默认生成一个群组，右键点击地形，选择"隐藏"命令，删除不需要的等高线。

5.2.2 网格法创建地形

网格法创建地形与等高线法创建地形相比不是十分精确，比较适合方案设计的初期阶段。

点击沙盒工具栏中的 ⬦，这时可以在数值工具栏指定栅格间距，按"Enter"设置完成，如图 5-23 所示。

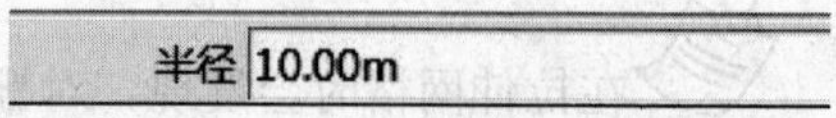

| 半径 | 10.00m |

图 5-23 指定栅格距离

单击一点作为栅格的起点，沿某一方向生成一条边，在适当的位置点击确定。鼠标沿此方向的垂直方向移动，在适当位置点击鼠标，也可在数值工具栏中输入具体数值，网格面生成，如图 5-24 所示。

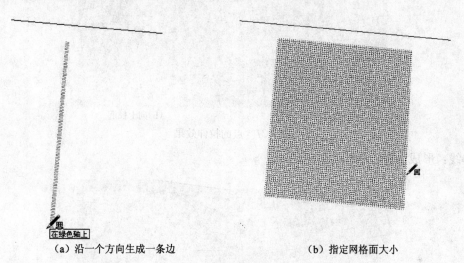

（a）沿一个方向生成一条边　　　　　（b）指定网格面大小

图 5-24　生成网格面

点击沙盒工具栏中的 ⬦，在数值控制栏中输入拉伸半径。点击要拉伸的中心点，上下移动确定拉伸的高度，输入不同半径。不同拉伸高度组合后生成如图 5-25 所示的图形。

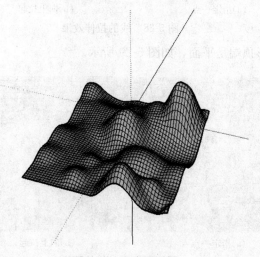

图 5-25　生成地形

若要进行局部的微调，可使用沙盒工具栏中的 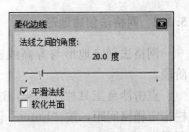 选中所要细分的栅格，点击此工具即可。调整完地形后，可按右键选择地形群组，选择"软化/平滑边线"按钮，调整平滑值，如图 5-26 所示。

图 5-26 柔化边线

在拉伸网格时会发现，对栅格的点、线、面拉伸会有不同的拉伸效果。

①点：形成较平滑的尖顶地形，如图 5-27 所示。

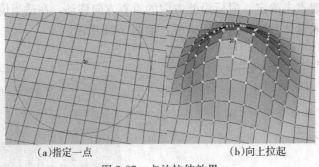

(a)指定一点　　　　　　　　(b)向上拉起

图 5-27 点的拉伸效果

②线：形成山脊，如图 5-28 所示。

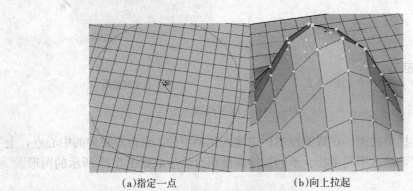

(a)指定一点　　　　　　　　(b)向上拉起

图 5-28 线的拉伸效果

③面：形成的地形顶端是平面，如图 5-29 所示。

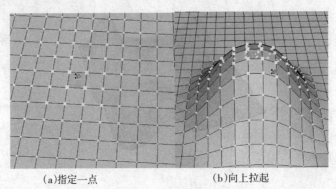

(a)指定一点　　　　　　　　(b)向上拉起

图 5-29 面的拉伸效果

5.2.3 曲面平整

从工具的图标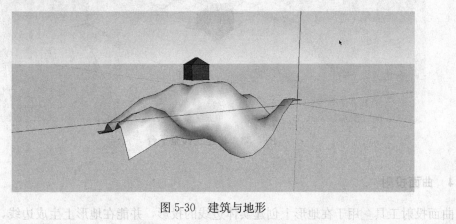可以看出是将建筑放在起伏的地形上，使建筑融入到地形中，事实上，此工具的功能也就在于此，如图 5-30 所示。

图 5-30 建筑与地形

点击房子底面（最好将底面成组），鼠标选择曲面平整工具，点击地形，如图 5-31 所示。这时在地形群组内部会自动生成一个与底面大小相同的平台，移动鼠标可调整平台的高度，如图 5-32 所示。可将建筑移动到创建好的平面中，如图 5-33 所示。

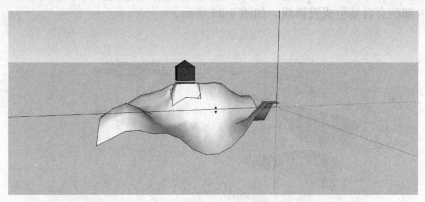

图 5-31 使用曲面平整工具

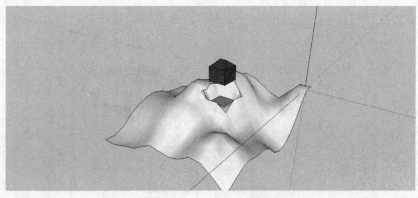

图 5-32 确定平台的高度

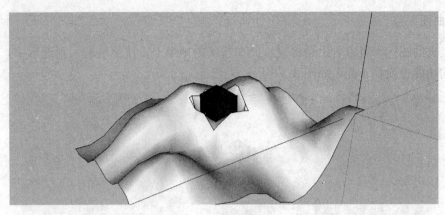

图 5-33　将建筑移至平台

5.2.4　曲面投射

曲面投射工具🖐用于在地形上创建实体边线的投影，并能在地形上生成边线，可使道路更好地融入到地形中。

将实体放在地形的垂直正上方，调整位置，如图 5-34 所示。既可先激活工具，也可先点击道路。为了方便选择，也可将投影面做成群组，再点击地形，如图 5-35 所示。这时在地形组件内部就会自动生成投影线，如图 5-36 所示。

图 5-34　地形与道路

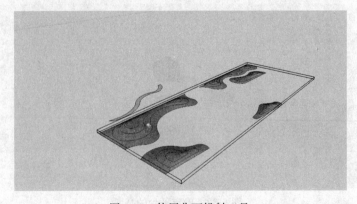

图 5-35　使用曲面投射工具

图 5-36　在群组内部生成投影线

5.2.5　翻转边线

翻转边线工具 可将构成地形网格的对角线进行翻转，一般用于调整局部的凹凸走向。但在此之前需先启动虚显隐藏物体模式，这样才能看到方格中的对角线，如图 5-37 所示。然后进入到地形群组中，激活翻转边线工具后，点击需要翻转的面，如图 5-38 所示。

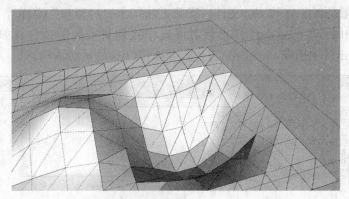

图 5-37　使用翻转边线工具

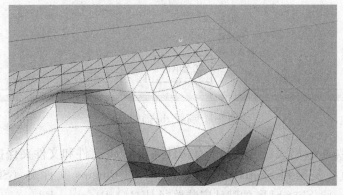

图 5-38　使用翻转边线工具后的效果

第6章 插 件

插件 Plugins 是扩展 SketchUp 软件功能的程序模块，可扩展建模、修改、渲染、动画等功能，使用脚本语言 Ruby 编写，不同版本的 SketchUp 匹配的 Ruby 语言并不完全相同，收集插件时要注意其适用的 SketchUp 版本。SketchUp2014 的脚本语言升级为 Ruby2.0，先期版本的插件不能运行。

6.1 收集和安装

插件的介绍可访问紫天 SketchUp 中文网址 http://www.sublog.net/，收集插件可访问 SketchUp 吧 http://www.sketchupbar.com/，SketchUp 中国论坛 http://www.sketchupbbs.com/，或国外论坛 http://sketchUcation.com/forums/。

新版插件一般是封装好的 rbz 文件，安装方法如下："窗口"菜单￩单击"系统设置（使用偏好）"，如图 6-1 所示，在弹出的对话框中找到要安装的插件，如 SketchUcation-Tools.rbz，￩单击选中插件，￩单击"打开"返回图 6-1 所示对话框。

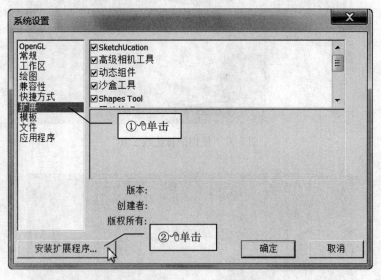

图 6-1 新版 rbz 插件安装

老版插件多数为 rb 格式，可能附带有文件夹，将 rb 文件和文件夹保持原有层次结构，在 Windows 中直接复制到 SketchUp 安装路径下的 Plugins 文件夹（SketchUp 2014 为 ShippedExtensions），SketchUp 的默认安装路径是 C：\ Program Files（x86）\ SketchUp \ SketchUp 2013 \ Plugins，C：\ Program Files（x86）\ SketchUp \ SketchUp 2014 \ ShippedExtensions。复制一个插件，测试正常运行后再复制另一个插件，不能正常运行的插件在

Windows 中删除即可。

6.2 常用插件的使用

本节内容见随书光盘中教学视频。

3D-shapes、Hole On Solid、Fredo、TIG、1001bit、instant Roof、instant Road。

第 7 章 材质和贴图

7.1 材质和贴图基础知识

7.1.1 SketchUp 材质

SketchUp 的材质属性包括名称、颜色、透明度、纹理贴图和尺寸大小等。材质可以应用于边线、表面、文字、剖面、组和组件。其属性和材质赋予操作较为简单，与 SketchUp 简洁一致的风格一脉相承，也有一些自己的特色。

（1）正反面材质 SketchUp 模型是由线和面形成的体，创建的体一开始被自动赋予默认材质，默认材质有正反面，颜色是不一样的，正面默认是浅色、反面一般为深色，可以在"风格"＞"编辑"＞"面设置"中设置。默认材质的两面性更容易分清表面的正反朝向，方便在导出模型到 CAD 和其他 3D 建模软件时调整表面的法线方向。同时，组或组件中的元素的默认材质可以在此处赋予材质。

SketchUp 所有添加模型中的材质都会保存到 SKP 文件中。只有颜色信息的材质文件很小，但是有贴图的材质文件就可能很大，这取决于贴图的大小。要尽量控制贴图的大小，若需要可以使用压缩的图像格式如 JPEG 或 PNG 来减小图像尺寸。可以删除文件中未使用的材质。在贴图模式下，赋予模型的贴图材质将显示出来。因为渲染贴图会减慢显示刷新的速度，应该经常切换到着色模式，在进行最后渲染的时候才切换到贴图着色模式。

（2）颜色推敲功能 在 SketchUp 中能够以在其他软件或传统方法不实用甚至不可能的方法推敲形体与材质的关系。经由指定材质然后可取用其颜色，能够将形体与材质的关系可视化。颜色关系的推敲功能与可以变更材质颜色的功能都是 SketchUp 材质系统与其他应用程序的系统完全不同的地方。过程比结果重要，而过程才是真正的目的。这样就可以避开在其他软件应用程序上所需要进行的反复试验工作。另外经由材质颜色化，一个材质文件可以变换成广泛使用的材质。

（3）材质透明度 SketchUp 的材质可以设置从 $0 \sim 100\%$ 的透明度，给表面赋予透明材质就可以使之变得透明。SketchUp 的材质通常是赋予表面的一个面（正面或反面）。若给一个带有默认材质的表面赋予透明材质，这个材质会同时赋予该面的正反两面，这样从两面看起来都是透明的了。若一个表面的背面已经赋予了一种非透明的材质，在正面赋予的透明材质就不会影响到背面的材质。同样的道理，若再给背面赋予另外一种透明材质，也不会影响到正面。因此，分别给正反两个面赋予材质，可以让一个透明表面的两面分别显示不同的颜色和透明等级。

由于 SketchUp 的阴影设计为每秒渲染若干次，透明显示系统是实时运算显示的，因此基本上无法提供照片级的真实阴影效果，透明效果也是一样，"真实世界"的光源作用于阴影和透明的效果在 SketchUp 的某些模型中可能不能准确显示，有时候透明表面的显示会失真。虽然透明效果可能不能完美显示，但在许多设计推敲和构思表达方面还是足够了。SketchUp 可以导出带有材质的三维模型到许多渲染程序中去，可以通过它们来渲染出写实的阴影和透明效果。

SketchUp 使用透明材质的几何体不会产生半透明阴影，表面要么完全挡住阳光，要么让光线透过去（图 7-1）。SketchUp 通过一个临界值来决定一个表面是否产生投影，不透明度为 70% 以上的表面可以产生投影，70% 以下的不产生投影。另外，只有不透明度大于或等于 95% 的表面才能接受投影。

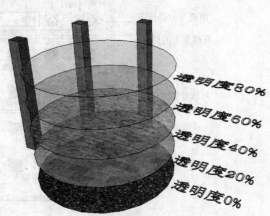

图 7-1 材质的不同透明度

（4）SketchUp 提供不同的工具使用材质

①填充工具可以应用、填充和替换材质，也可以从一个物体上提取材质。

②材质浏览器可以从材质库中选择材质，也可以组织和管理材质。

③材质编辑器可以用来调整和推敲一个材质的不同属性。

7.1.2 材质填充

材质填充主要由填充工具来完成，用于给模型中的实体分配材质（颜色和/或贴图）。可以给单个元素上色，填充一组相连的表面，或者置换模型中的某种材质。

（1）命令调用方式

①工具栏： 　。

②菜单："工具">"材质"。

③命令行：B。

（2）命令格式

①单个填充：激活"填充"工具，系统自动弹出"材质"对话框，其中包含了多个材质库，如图 7-2 所示。选择一种材质，利用"填充"工具将其填充在单个边线或表面上，如图 7-3 所示。

②邻接填充：激活"填充"命令，按住"Ctrl"键可以同时填充与所选表面相邻接并且使用相同材质的所有表面，如图 7-4 所示。若先用选择工具选中多个物体，那么邻接填充操作会被限制在选集之内。

③替换材质：激活"填充"命令，选择一种新材质，按住"Shift"键选中某一平面，模型中所有使用该材质的物体（包括组或组件中的元素上的默认材质）都会同时改变材质，若先用选择工具选中多个物体，那么替换材质操作会被限制在选集之内，如图 7-5 所示。

④邻接替换：激活"填充"命令，选择一种新材质，同时按住"Ctrl+Shift"选中已赋

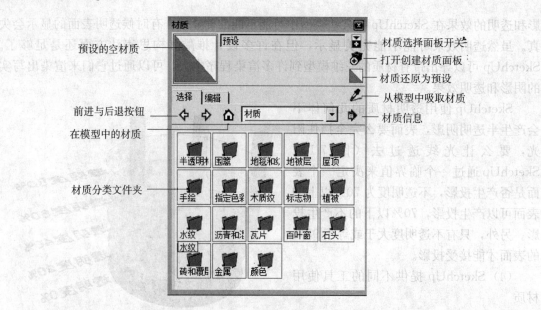

预设的空材质

材质选择面板开关

打开创建材质面板

材质还原为预设

从模型中吸取材质

材质信息

前进与后退按钮

在模型中的材质

材质分类文件夹

图 7-2　材质对话框面板

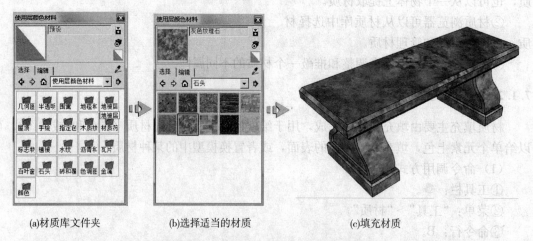

(a)材质库文件夹　　(b)选择适当的材质　　(c)填充材质

图 7-3　为几何体填充材质的步骤

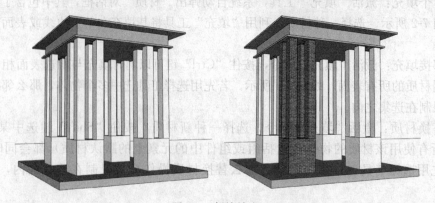

图 7-4　邻接填充

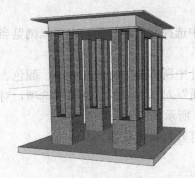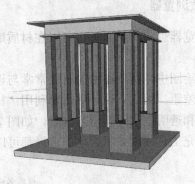

图 7-5 替换材质

材质的某一平面，则模型中与该平面连接的且使用同
一材质的平面都将被新材质替换，但替换的对象限制
在与所选表面有物理连接的几何体中。若先用选择工
具选中多个物体，那么邻接替换操作会被限制在选集
之内。

⑤提取材质：激活"填充"命令，按住"Alt"键
点击需要取样材质的平面，这时光标变为吸管，松开
"Alt"键完成取样操作，如图 7-6 所示。利用"填充"
工具选中模型的其他平面，则提取的材质会被设置为
当前材质，然后就可以用这个材质来填充了。

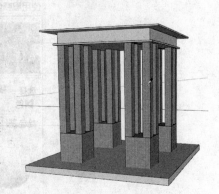

图 7-6 提取材质

要提取和应用模型中已经存在的材质，步骤如
下：

a. 点击材质面板右上角的"提取材质"按钮。

b. 移动吸管光标到要提取的材质上并点击，该材质就会出现在当前材质预览窗口中。

c. 然后就可以用这个材质填充模型。

⑥组件与组上色：激活"填充"工具，从材质库中选择一种材质，点击需要填充的组或
组件模型，将选择材质填充到组或组件模型的所有平面，如图 7-7 所示。给组或组件上色
时，是将材质赋予整个组或组件，而不是内部的元素。组或组件中所有分配了"默认材质"
的元素都会继承赋予组件的材质，而那些分配了"特定材质"的元素则会保留原来的材质不
变。将组或组件炸开后，使用默认材质的元素的材质就会固定下来。

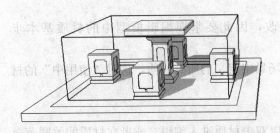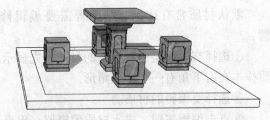

图 7-7 对组件与组进行填充

7.1.3　材质浏览器

材质浏览器也叫材质面板，可以在材质库中选择和管理材质，也可以浏览当前模型中使用的材质。

在园林绘图中，材质库中的材质常常与设计中所需要的材质在大小、颜色、透明度等方面存在一些差距。因此，设计中需要利用"材质"对话框中的"编辑"选项，对选定材质的大小、颜色和透明度进行编辑与修改，如图7-8所示。

激活填充工具或从显示菜单中选择都可以打开材质浏览器。

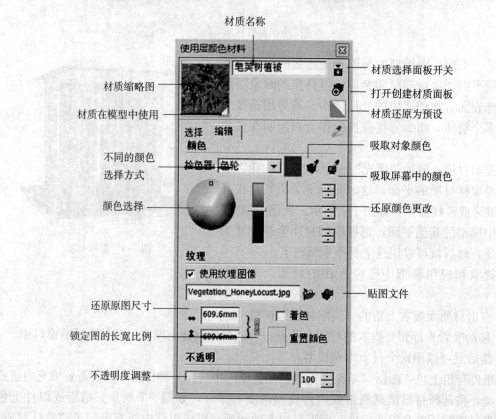

图7-8　材质"编辑"对话框

7.1.4　编辑材质

默认材质常有比例、贴图等需要编辑修改，因此要掌握编辑模型中的材质基本步骤：

①选择有"模型中"标签的材质，先显示场景中定义的所有材质，这时"使用中"的材质样本在右下角有一个小三角形。

②选择要编辑的材质。

③点击编辑按钮，进入材质编辑器。也可以双击材质进入编辑，或者在材质的关联菜单中选择编辑，主要编辑尺寸、不透明度等，如图7-9、图7-10所示。

图 7-9   材质编辑中材质调整的不同比例效果

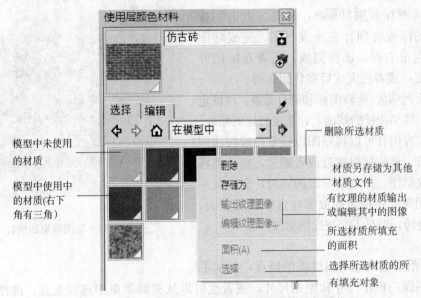

图 7-10   材质面板中右键菜单中的相关材质编辑功能

7.2   材质编辑器

7.2.1   贴图坐标

SketchUp 在给对象赋予材质时，贴图是作为平铺图像应用的，图案或者图形垂直或者水平地应用于任何实体，贴图主要靠贴图坐标来调整。SketchUp 的贴图坐标通过锁定别针和释放别针两种模式实现调整。贴图坐标可以在图像上进行独特的操作，例如将一幅画上色于某个角落或者在一个模型上着色。具体方法是：在需要调整贴图的平面上点击右键，选择贴图菜单内的各个选项即可进行编辑。

贴图坐标能有效运用于平面，但是不能将材质整个赋予一个曲面。曲面可以利用显示隐藏几何体，然后将材质分别赋予组成曲面的面。

7.2.1.1   锁定别针模式

在锁定别针模式下，每个别针都有一个固定且特有的功能。当"固定"一个或者更多的别针的时候，锁定别针模式可以按比例缩放、歪斜、剪切和扭曲贴图。在贴图上点击，可以确保锁定别针模式选中，注意每个别针都有一个邻近的图标。这些图标代表可以应用于贴图的不同功能，点击或者拖延图标及其相关的别针。这些功能只存在于锁定别针模式。

在编辑过程中，按住"Esc"键，可以使贴图恢复到前一个位置。按"Esc"键两次可以取消整个贴图坐标操作。在贴图坐标中，可以在任何时候使用右键恢复到前一个操作，或者从相关菜单中选择返回。

完成贴图修改后，点击右键，选择完成；或者在贴图外点击，关闭；或者在完成后按住回车键。

锁定别针选项有四种，如图 7-11 所示：

①移动图标和别针 ✚ 🔖 ：拖曳（点击和按住）移动图标或者别针来重设贴图。完成贴图修改后，点击右键，选择完成；或者在贴图外点击，关闭；或者在完成后按住回车键。

②按比例缩放/旋转图标和别针 ◯ 🔖 ：在锁定别针位置上移动指针的基础上，拖曳按比例缩放/旋转图标或者指针可以将贴图以任意角度按比例缩放和旋转。光标拖得越近或者越远，别针都将按比例缩放贴图。在旋转贴图的同时，会出现一个虚线的圆弧。若把光标放置在虚线弧的上面，贴图将会旋转，但是不会按比例缩放。

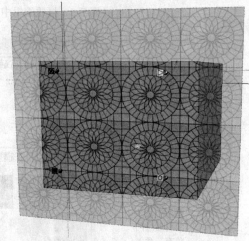

图 7-11　贴图编辑的别针

🔖 沿着虚线段和虚线弧的原点，显示了系统参数图像的现在尺寸和原始尺寸。或者也可以从关联菜单中选择重置，选择重置的时候，会把旋转和按比例缩放都重置。

③按比例缩放/剪切图标和别针 ▱ 🔖 ：拖曳按比例缩放/剪切图标或指针可以同时倾斜或者剪切和调整贴图大小。在此项操作过程中，两个底指针都是固定的。

完成贴图修改后，点击右键，选择完成；或者在贴图外点击，关闭。

④扭曲图标和指针 ▷ 🔖 ：拖曳图标或指针可以对材质进行透视修改。此项功能在将图像照片应用到几何体时非常有用。

锁定别针模式在密集如砖块和瓦片贴图中尤其有用。

7.2.1.2　释放别针模式

释放别针模式适合设置和消除照片的扭曲。在释放别针模式下，别针相互之间都不互相限制，这样就可以将指针拖曳到任何位置，以扭曲材质，就像可以弄歪放在鼓上面的皮一样。

🔖 单击选中别针，可以将别针移动到贴图上不同的位置。这个新的位置将是应用所有锁定别针模式的起点。此操作在锁定别针模式和释放别针模式都有。

7.2.2　给转角赋予连续贴图

贴图可以被包裹在转角，就像包一个包裹一样。给角落转角赋予连续贴图，实现对缝无

错位:

①给左模型用 🖌 赋予材质图像,直接赋予如图 7-12 (a) 所示,相邻面图像不连续。

②点击右模型的面,用 🖌 赋予左侧面贴图。

③右击右模型已着色的贴图,选择"纹理">"位置"。

④不要设置任何东西,仅仅再次右击,选择"完成"。

⑤🖌 赋予右模型右侧面贴图,材质就包裹整个角落,相邻面图像连续,如图 7-12 (b) 所示。

(a)   (b)

图 7-12　转角贴图前后

关键是要用吸管吸取这个平面的材质,而不是在材质管理器中选择这个平面的材质。因为这个平面的材质被调整大小和坐标后,具有独立的属性,这些属性是贴图无错缝的关键,需要给其他平面赋予的是和这个平面具有相同属性的贴图,而不是没有调整过的原始贴图(即材质管理器中的那个贴图)。

7.2.3　包裹贴图

贴图也可以包裹在圆筒上,其主要步骤如下:

①创造一个圆筒。

②下载一个光栅图像,菜单项"文件">"插入">"图像"。

③将图像放在圆筒前面。

④确定图像的大小,使其大小足够覆盖整个圆筒。

⑤点击图像的相关连接,选择作为材质使用。

⑥新材质将会出现在材质浏览器中的模型栏中。

⑦点击材质浏览器中的材质,给圆筒着色。材质就会自动包裹在圆筒上,如需包裹整个模型,重复此项操作。

⑧点击"显示">"隐藏几何体"。

⑨选择圆筒的一个面,右键选择"贴图">"坐标"。

⑩在面上重设贴图。

⑪使用材质浏览器中的滴管,把重设的贴图作为样本,或者使用"Alt"键和油漆桶工具。

⑫点击"显示">"隐藏几何体",关闭隐藏几何体。

⑬给圆筒剩下的部分着色上重设的样本贴图，现在的贴图就会像重设在整个圆筒上面。

7.2.4 投影贴图

投影贴图是一种特殊的贴图方式，任何曲面，不论是否被柔化，一般都使用投影贴图来保证贴图的无缝拼接。具体操作如下：

①SketchUp中，在一个已经被赋予贴图的平面上（注意是一个平面，不是多个面，也不是被柔化了的曲面），点击右键，选择"纹理"，在展开二级菜单中选择"投影"，如图7-13所示，这样就生成了一个有投影属性的贴图。

②将这个平面移动到需要赋于投影的材质的曲面上，注意曲面不能是组或组件，只能是一个平滑的曲面，将平面缩放到足够垂直覆盖曲面的大小。可以结合顶视图和透明模式，且可以调整平面的贴图坐标和大小等，调整到需要的位置和大小，然后用吸管吸取平面上的材质，赋给曲面。

图7-13 右键纹理投影编辑菜单

 要在平面上吸取材质，而不是从材质库里选取，这和包裹贴图道理一样。

7.2.5 在SketchUp中制作贴图

7.2.5.1 在SketchUp中制作独立贴图

此功能是将选中已贴图的面的局部生成一个新的贴图，其操作如下：

①在平面上填充材质。

②在平面上画一块含有图片的封闭区域（可方可圆，实际上贴图是长方形），右键选择"设定的自定义纹理"，然后用吸管吸封闭区域即形成新的贴图。

7.2.5.2 在SketchUp中制作合并贴图

①在平面上进行分割，并赋予不同的材质。

②选择带有两种贴图的表面，右键选择"组合纹理"，出现"是否要删除内部边线"的提示，边线的有无对于新生成的贴图并无影响。

【练习1】铺装贴图练习

目的：能够按尺寸画出图案，并赋予材质，会使用自定义纹理，并进行贴图的大小、位置等调整。

组合纹理必须选择带有材质的面，选择中不能包含有线条，否则右键菜单将不出现"组合纹理"选项。使用一个自定义的纹理，在大的铺装块贴图时要进行比例缩放，需要仔细对齐和缩放。

铺装贴图如图7-14至图7-22所示。

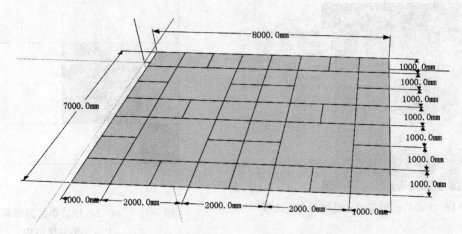

图 7-14　铺装场地尺寸及铺装块的分割

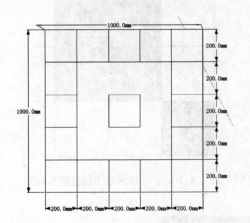

图 7-15　1m×1m 铺装单元场地尺寸

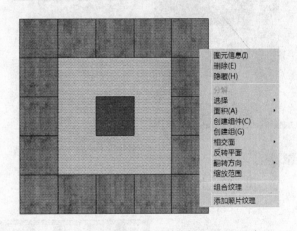

图 7-16　1m×1m 铺装单元加上材质后进行"组合纹理"

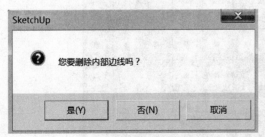

图 7-17　1m×1m 铺装单元加上材质后进行"组合纹理"选择删除内部边线后

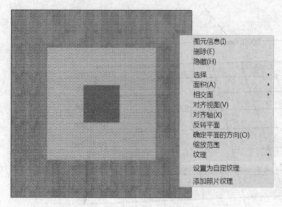

图 7-18　1m×1m 铺装单元设置为自定纹理

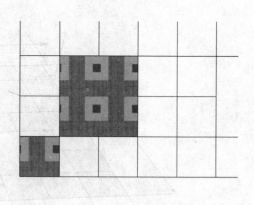

图 7-19　1m×1m 铺装单元添加到广场
一大一小铺装区域内

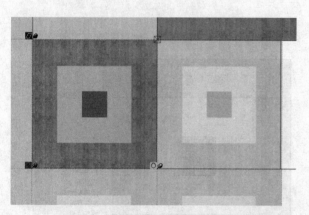

图 7-20　小铺装区域内调整好贴图位置

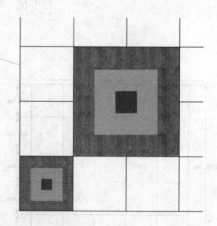

图 7-21　大小铺装区域内贴图位置调整好后

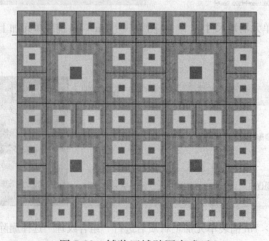

图 7-22　铺装区域贴图完成后

【练习 2】投影贴图的使用

目的：练习沙盒的使用，掌握新建材质建立，投影贴图的使用程序，理解投影贴图的主要关键操作及投影结果。

投影贴图如图 7-23 至图 7-26 所示。

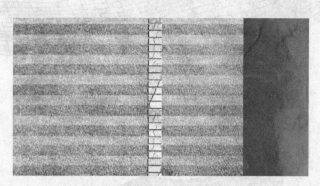

图 7-23　准备投影的图形

图 7-24　使用贴图制作新的材质

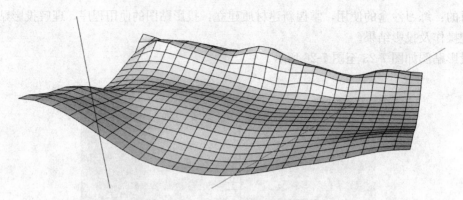

图 7-25　建立贴图用的曲面模型

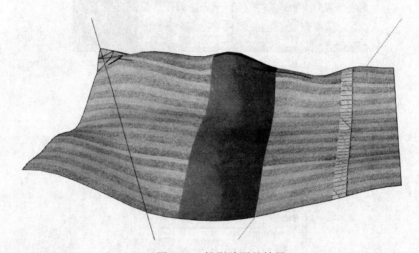

图 7-26　投影贴图的结果

第 8 章　太阳和阴影

8.1　地理位置

物体模型在阳光或天光照射下会出现受光面、背光面、阴影，通过阴影效果与明暗对比衬托出物体的立体感和景物的层次。模型所在的地理位置决定所在物体的日照情况，同一半球、同一国家，由于经纬度不同，日照情况也不一样，要得到模型的准确阴影，必须在软件中设置模型所在的地理位置。具体操作如下：

选择"窗口">"模型信息"，弹出"模型信息"对话框，选择"地理位置"选项，如图8-1 所示。

在"地理位置"选项区域中，可以按"添加位置"联网添加模型在地球上的位置，可以设置表示真实结构的模型的位置和坐落方向，按"手动设置位置"可以设定精确的精度和纬度来确定一个城市，如图 8-2 所示。

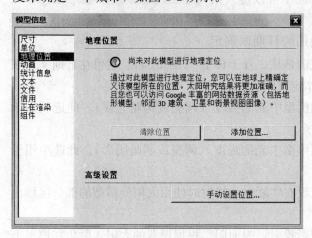

图 8-1　地理位置设计　　　　　　　　　　　图 8-2　地理位置设置面板

8.2　太阳光和阴影

（1）启动阴影工具栏　阴影的产生源自太阳光，其设置与时间段和光强有关。Sketch-Up 在默认情况下没有显示阴影工具栏，所以先要启动此工具栏。具体操作如下：

①选择"视图">"工具栏">"阴影"，弹出"阴影"工具栏，如图8-3所示。

②"阴影"工具栏中的按钮可以控制阴影设置和阴影的显示与否，并调整阳光照射的具体日期和时间。

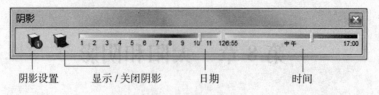

图 8-3 "阴影设置"对话框

（2）阴影设置选项　从窗口菜单激活"阴影设置"对话框，如图 8-4 所示。

SketchUp 包含多个阴影设置选项，用于在模型内控制阴影的使用。

①"显示阴影"按钮：此按钮控制在或不在模型内显示阴影。显示阴影会消耗大量系统资源，影响作图速度，一般在作好图以后，观看整体效果时才打开阴影显示。

②"时区"下拉列表：从"时区"下拉列表中选择时区以标志作品位置，进而获得准确的阴影。

③"时间"滑块：调整 SketchUp 使用的时间以确定阴影投射的太阳位置。滑块可以调整从日出到日落的时间，12:00 在滑块的中间。在时间文本字段中可以键入精确时间。

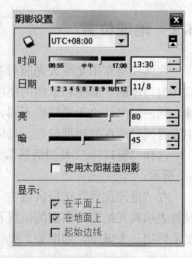

图 8-4　"阴影设置"对话框

④"日期"滑块：调整 SketchUp 使用的日期以确定阴影投射的太阳位置。滑块调整的日期范围是从 1 月 1 日至 12 月 31 日。也可在日期文本字段中键入精确日期或以数字格式（1/8）指定日期。

⑤"亮"滑块：使用"亮"滑块控制模型中光的强度（调亮或调暗光线）。此选项用于有效地调亮及调暗光照的表面。

⑥"暗"滑块：使用"暗"滑块控制模型中光的强度（调亮或调暗阴影）。此选项用于有效地调亮和调暗阴影下的区域。

⑦"使用太阳制造阴影"复选框：在没有实际显示投射时使用太阳使模型的部分区域出现阴影。

⑧"在平面上"复选框：启用表面阴影投射，表面阴影根据设置的太阳入射角在模型上产生投影，如图 8-5 所示。此功能能要占用大量的 3D 图形硬件资源，会导致性能降低。

⑨"在地面上"复选框：启用在地平面(红色/绿色平面)上的阴影投射，如图 8-5 所示。

正常阴影　　　　　　　关闭"在地面上"　　　　　　关闭"在平面上"

图 8-5　不同阴影开关的作用

⑩ "起始边线"复选框：启用边线的阴影投射，实现单线的投影。

8.3 物体的投影和受景设置

在太阳的照射下，除全透明的物体外，其他物体都有阴影。但在作效果图时，为了突出一些重要的模型的形态，一些次要的或非重要的模型的投影可以忽略，以免影响主要模型的形态和效果。可以控制物体不投影或者不接收投影。去掉投影有两种方法，一是在受影面上不接收投影，二是去掉由于遮挡阳光产生投影的投影选项，如图 8-6、图 8-7 所示。

图 8-6 接收阴影和投射阴影控制

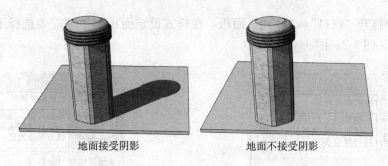

地面接受阴影　　　　　　　　　　地面不接受阴影

图 8-7 地面阴影接收与不接收的控制效果

第9章 文件的输出

模型的输出在精确描述几何体的同时，设计者可根据模型的特点进行风格设定，这是 SketchUp 不同于其他三维软件的地方。特别是进行概念表达时，计算机图像太过准确和生硬，减弱了表达效果，而徒手绘图风格更接近手绘风格，在最初的构思阶段有着明显的优势。它们既能表达构思，又能反映当前的粗略状况。这些都可以在 SketchUp 中进行参数设置，同时在屏幕显示时也可根据需要修改显示方式。

9.1 图形的样式

模型的导出与模型的样式有关，因此在导出模型前，要根据设计所要表达的内容确定样式。

9.1.1 打开样式设定面板

在菜单中打开"窗口">"样式"面板，在样式设定面板中根据需要选择不同的设定内容，如图 9-1、图 9-2、图 9-3 所示。

图 9-1 样式中的"选择"面板

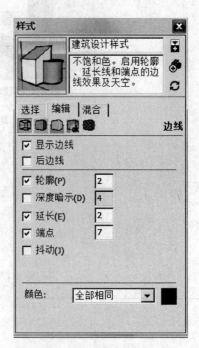

图 9-2 样式中的"编辑"面板

9.1.2 边线的编辑

边线是模型表达时最常用的设定，合适的边线有助于方案的表达，主要编辑功能见图 9-2。

①显示边线：控制边线是否显示。勾选该项，将显示所有的可见边线，如图 9-4（a）所示。请注意当边线隐藏时，边线的参考对齐不可用。这个选项只在着色模式和贴图着色模式中有效。

②后边线：控制显示被遮挡的边线，打开后模型后边线以浅虚线显示，启用后边线将会停用 X 射线正面样式，如图 9-4（b）所示。显示某些边线被其他边线遮挡的情况，被遮挡的边线显示为虚线。

③轮廓：借鉴传统手工绘图技术，突显模型中主要形状的轮廓或外形，常常可以突出三维物体的空间轮廓，如图 9-4（c）所示。可以根据需要控制轮廓线的粗细。

④深度暗示：利用 OpenGL 实现深度暗示（Depth cue），打开后物体边线以其设定的宽度、以透视的方法来暗示景深，相对于背景中几何图形的直线而更加突显前景中的几何图形直线，如图 9-4（d）所示。可以根据需要调整数值。

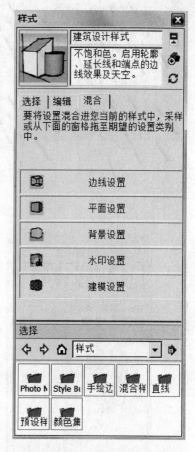

图 9-3　样式中的"混合"面板

⑤延长：让每一条边线的端头都稍微延长，模拟手绘的风格，给模型一个未完成的感觉，如图 9-4（e）所示。可以按需要控制边线出头的长度。这纯粹是视觉效果，不会影响参考捕捉。

⑥端点：以粗线显示端点，大小可调节，如图 9-4（f）所示。

⑦抖动：通过边线轻微的偏移多次渲染每一直线，显示为具有动感的、粗略的草图，如图 9-4（g）所示。这纯粹是视觉效果，不会影响参考捕捉。

⑧颜色

a. 全部相同：所有边线以同一颜色显示，点击其右边的颜色块，可以设置颜色。默认的颜色是黑色。

b. 使用材质颜色：以赋予的材质颜色来显示。

c. 使用轴向颜色：若边线平行于某一轴线时，就显示为轴线的颜色，如图 9-4（h）所示。这有助于了解边线的对齐关系。

9.1.3 背景设置与混合设置

背景指的是图形窗口的显示背景，如图 9-5 所示，主要能够设计背景底色、天空颜色及是否显示、地面的颜色及是否显示等，可以获得不同的显示效果。

混合模式可以从多种样式中提取样式，灵活进行边线设置、背景设置、平面设置、水印设置、建模设置等，如图 9-2、图 9-5、图 9-6、图 9-7、图 9-8 所示。图 9-9 为模型不同样式的效果。

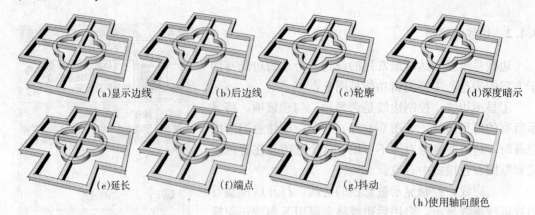

(a)显示边线　　　　(b)后边线　　　　(c)轮廓　　　　(d)深度暗示

(e)延长　　　　(f)端点　　　　(g)抖动

(h)使用轴向颜色

图 9-4　不同的显示方式的效果

图 9-5　"编辑"面板中"背景"设置面板

图 9-6　"编辑"面板中"平面"设置面板

图 9-7　"编辑"面板中"水印"设置面板

图 9-8　"编辑"面板中"建模"设置面板

默认样式　　　　　　　　　　　　　PSO 分层样式

薄荷绿样式　　　　　　　　　　　　细标记线硬纸板

无边界的铅笔边线　　　　　　　　　照片建模样式

图 9-9　模型的不同样式的效果

9.2　二维图形输出

使用 SketchUp 的"二维图形"菜单项可导出 2D 位图和与分辨率无关的尺寸精确的 2D 矢量图。像素图像可以导出 Bmp、JPEG、PNG、Epx 和 TIFF 文件格式图像。也可以使用 PDF、EPS、DWG 和 DXF 文件格式导出矢量图像。此选项可以方便地将 SketchUp 文件发送到绘图仪，迅速将它们集成到构造文档中，或者使用基于矢量的绘图软件进一步修改模型。但要注意，矢量输出格式可能不支持某些显示选项，如阴影、透明度和纹理等。

9.2.1　二维图形的导出步骤

①在绘图窗口中已设置好需要导出的模型的页面，SketchUp 直接导出当前屏幕显示的视图，包括表面渲染模式、边线模式、阴影和视图方位。

②选择"菜单">"导出">"二维图形"。

③在导出类型中选择图像格式。不同类型的导出"选项"内容根据位图格式而不同。

④单击"选项"进入导出二维图形对话框如图 9-10 至图 9-14 所示。图像大小一般根据需要进行设置。指定的尺寸越大，导出时间越长，导出图像文件也越大。选择"消除锯齿"，可以对导出的图像做平滑处理，以减少图像中的线条锯齿。JPG 格式可以选择质量与文件大小的平衡。

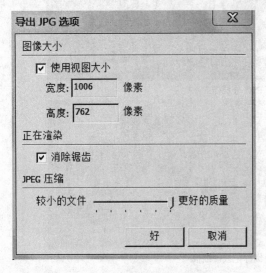

图 9-10　JPG 选项面板

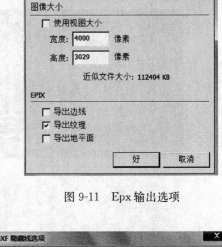

图 9-11　Epx 输出选项

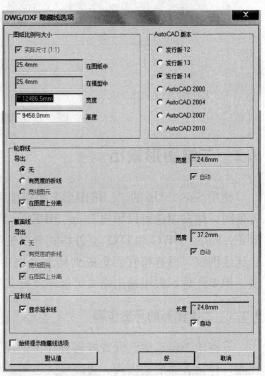

图 9-12　PDF 输出选项

图 9-13　DWG/DXF 输出选项

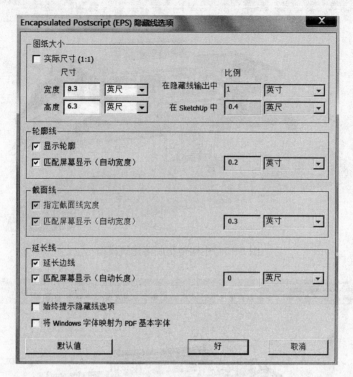

图 9-14　EPS输出选项

9.2.2　导出不同格式简介

常规的格式设置有不同的选项，一般都有尺寸的设置等常规选项，但有些文件的格式比较特殊，要根据需要进行选择和调整。

Epx 格式是为输出到 Piranesi 使用的准三维图形格式。其中的 RGB 通道、深度通道、材质通道可以让 Piranesi 智能渲染图像，从而实现传统的手绘效果。但是 SketchUp 的一些显示模式，如线框模式和消隐模式不能在 Piranesi 下正常工作。

SketchUp 除了可以导出三维的 DWG/DXF 文件，还可以将模型导出为二维的 DWG 和 DXF 文件。导出之前将绘图窗口中的视图调整为需要的角度，当前视图直接导出为平面的 DWG 和 DXF 文件。SketchUp 会忽略贴图、阴影等二维图像不支持的特性。

以一个中国传统建筑的 DWG 格式文件获取立面图为例：

①图 9-15 所示为一中国传统建筑。

②为建筑加上一个剖面工具，并移动到所需的位置，如图 9-16 所示。

③视图切换为正视图，在"镜头"菜单中取消"透视图"，选择平行投影，调整好立面的位置，如图 9-17 所示。

④选择"菜单">"导出">"二维图形"，选择 DWG 格式，并填写文件名，将选项中的相关选项选择上，确定。

⑤在 AutoCAD 中打开文件，进行进一步的文件整理，得到剖立面图，如图 9-18 所示。

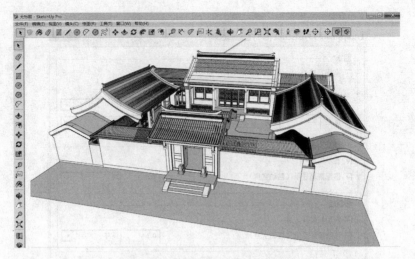

图 9-15 中国传统院落建筑模型

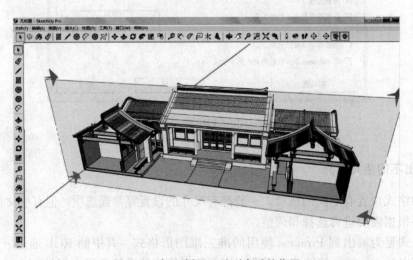

图 9-16 加上剖面工具到合适的位置

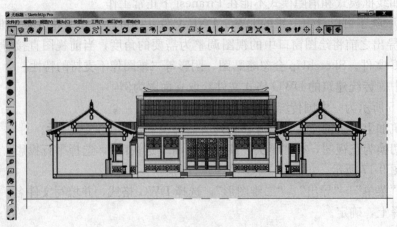

图 9-17 调整视图为正视图

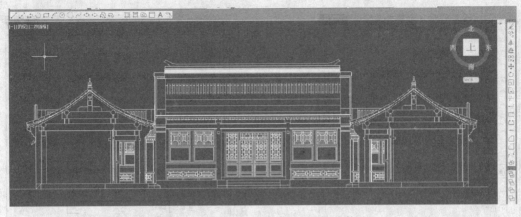

图 9-18 在 AutoCAD 中进行进一步修改

9.3 三维模型输出

SketchUp 本身为三维软件,因此与其他三维软件的模式的互用是很重要的,它可以多种格式导出三维模型,主要格式有:3DS 文件（.3ds）、AutoCAD DWG 文件（.dwg）、AutoCAD DXF 文件（.dxf）、COLLADA 文件（.dae）、Google earth 文件（.kmz）、FBX 文件（.fbx）、OBJ 文件（.obj）、XSI 文件（.xsi）、VRML 文件（.vrml）,如图 9-19 至图 9-25 所示。

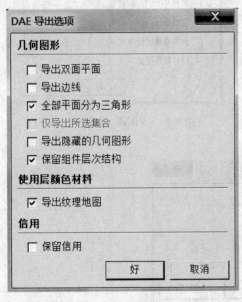

图 9-19 DAE 格式导出选项

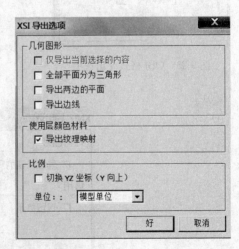

图 9-20 XSI 格式导出选项

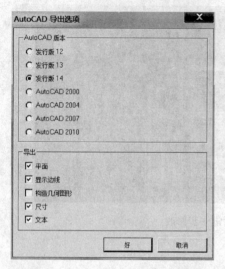

图 9-21 AutoCAD 格式导出选项

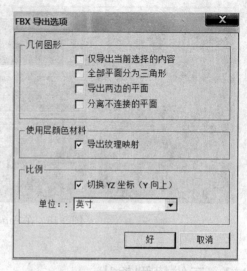

图 9-22 FBX 格式导出选项

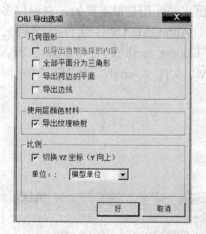

图 9-23 OBJ 格式导出选项

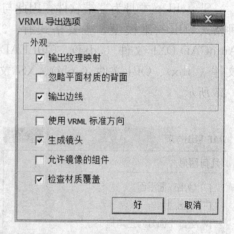

图 9-24 VRML 格式导出选项

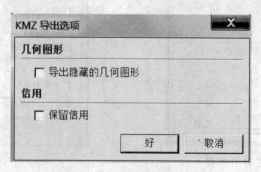

图 9-25 KMZ 格式导出选项

9.4　SketchUp 导出 3DS 文件

为配合其他软件对场景进行进一步深化和完善提供便利，SketchUp 模型常会输入到 3ds Max 中进行渲染处理，当输出 3DS 文件时，整个场景中排除群组和组件，所有的线、面会组合成一个可编辑网格体，每一个群组和组件都会各自转化为一个网格物体，而群组和组件将会被炸开，被合并到最表面一层的群组或组件成为一个网格物体。所以如果将整个场景成组的话，那么输出的 3DS 文件将只有一个网格物体，3DS 格式是常用的导出格式之一。3DS 格式支持 SketchUp 相关的输出材质，如贴图和照相机等，其导出选项如图 9-26 所示。

9.4.1　几何图形

导出的方式有完整层次结构、按图层、按材质、单个物体导出几项。

①导出完整结构：在 SketchUp 里模型是通过几何体、组和组件的形式来使用，同样导出的时候也是如此，即按几何体、组和组件来导出物体。这里需要注意的是 SketchUp 将按层次的形式将模型导出，低层次的组件将识别为单个物体，高层次的组件则成为一个集合。SketchUp 最表面一层的群组和组件被保留为单独的物体。

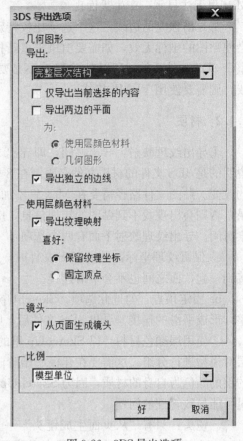

图 9-26　3DS 导出选项

缺点是每一个群组和组件都会输出一个自身的复合材质，对材质的编辑很麻烦。

②导出单个物体：合并为单个物体导出，简单地来说，就是将整个模型导出为一个物体。如果场景比较大的话，可能会超出 3DS 格式对点及面数量的限制，这时候会自动转化为几个物体，从而满足要求。导出比较大的模型时不要勾选此项，否则可能会导致导出失败或者部分模型丢失。除非场景不需要做任何修改或场景较为简单，否则不推荐这种输出方式。

③按图层：按照图层的不同输出不同的物体。

④按材质：按照材质分类的不同输出不同的物体。

⑤仅导出当前选择的内容：即被选中的物体导出 3DS 模型。

⑥导出两边的平面：包括"材质"和"两面几何图形"两个选项。

"材质"选项能开启 3DS 材质定义中的双面标记，以材质产生双面，这个选项导出的多边形数量和单面导出的数量一样，但是渲染速度降低，特别是反射和阴影效果。

"几何图形"选项是以几何体产生双面，SketchUp 模型里的面都导二次，一次导出正面，一次背面。导出的多边形数量增加一倍，同样渲染速度降低，但导出的模型跟 Sketch-Up 的模型性质大致相似，两面都可渲染，而且都可有不同的材质。一般情况下不需要，会额外增加模型量；但是在 SketchUp 建模阶段必须保证面法线正反的正确性，否则反面在 Max 里无法显示，产生丢面现象。

⑦导出独立的边线：这个选项比较特殊，是用来创建非常细长的矩形来模拟边线。可能会使贴图的坐标无效，如需要渲染需重新指定坐标。另外，导出孤立边线这个选项可能会使整个 3DS 文件无效，所以对于 Max 不必要，通常默认情况下是关闭的。如果要导出孤立边线，则需要使用 VRML 格式。

9.4.2 材质

①导出纹理映射：导出贴图，即导出 .3ds 文件时 SU 的材质也相应地导出。这里需要说明的是 3DS 文件的材质文件名限制在 8 个字符内，而且不支持 SketchUp 对文件贴图颜色的改变。贴图文件路径需要在 Max 里添加，应将所有贴图复制到 Max 模型文件所在工作目录，否则会出现找不到贴图的错误信息，应将贴图放在场景文件所在的目录，以节省贴图搜索时间。导出纹理映射下面有两个选项：

a. 保留纹理坐标：导出 3DS 文件时，SketchUp 里的贴图坐标保持不变，顶点不至于焊接到一起，面之间也不会平滑连接。

b. 固定顶点：勾选此选项，SketchUp 导出时会将顶点焊接到一起，以保持几何体的完整，形成平滑的连接。导出 3DS 文件后，贴图坐标将与平面视图对齐。

②使用层颜色材料：以 SketchUp 里的图层分配为标准来分配 3DS 材质，并且可以按图层对模型进行分组。这需要在建模起始阶段就规划好材质管理方式，物体（或面）将以所在的层的颜色为自身的材质，因为 SketchUp 里组件和层是可以穿插的，在组件具有复合材质时可能导致管理的问题。

③镜头：只有"从页面生成镜头"一个选项，即为当前视图创建镜头相机，同时也给 SketchUp 里的页面创建镜头，只有当前页面的相机视角能被保持，一般不选，到 Max 里重新建立相机。

④比例：单位设置一般根据用途不一样，选项有模型单位、英寸、英尺、码、英里、毫米、厘米、千米，一般建筑和园林用毫米。在正确单位建模的情况下，一般不需要改变输出单位，当然在 Max 中所设置的系统单位也要相对应。

9.5 布图功能

布图功能 LayOut 是 SketchUpt 的模块，类似于 AutoCAD 图纸空间的方式，可以将多种不同的图面角度和内容，结合一些 SU 所特有的功能，按需要在图纸上布图，可直接标注尺寸、注解和加注图框，甚至不需要再使用传统的 2D 软件即可完成布图，其一般步骤如下：

①打开 SketchUp 模型，模型先设置好要表达的场景。在 SketchUp 里将阴影的参数调整好，显示模式设置成"材质帖图"，有些设置在 LayOut 里是无法调节的，如图 9-27 所示。

图 9-27　设定要布图的场景

②将模型保存，执行"菜单"＞"发送到 LayOut"命令，将制作完成的模型导入到 Lay-Out 中，如图 9-28 所示。

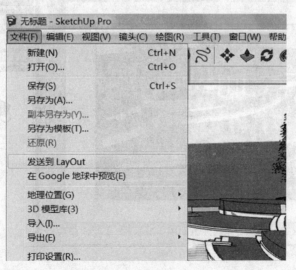

图 9-28　发送到 LayOut

③进入 LayOut 后，首先要选择一个合适的模板（这个模板文件也可以自己制作，每次进入 LayOut 时都可以选择），此处选择 A3 横幅图模板，如图 9-29 所示。

④进入 LayOut 的主界面，可以将 SketchUp 软件关闭，减少对系统资源不必要的占用，

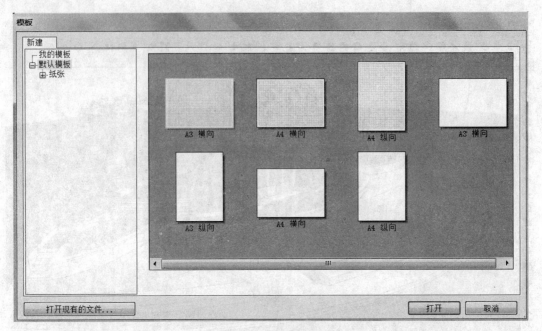

图 9-29　选择模板

需要时再打开，如图 9-30 所示。

图 9-30　进入 LayOut 的主界面

⑤首先制作版面效果，绘制现图纸的边框，加入相关文字说明。单击主工具栏中的"矩形"工具按钮，在图纸的右侧画出矩形，如图 9-31 所示。继续将矩形处于被选择的状态，将"形状样式"标签栏打开，单击"填充"按键选项将矩形内部的白色填充去掉，得到了图

9-32 所示的图版边框效果。

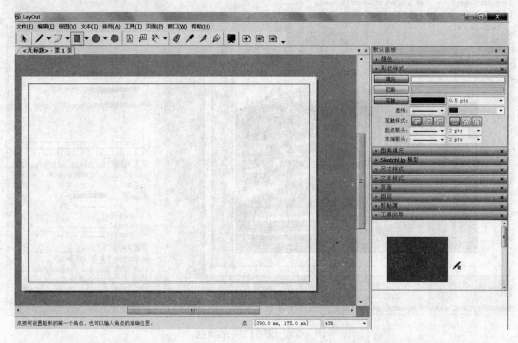

图 9-31　画出图纸边框

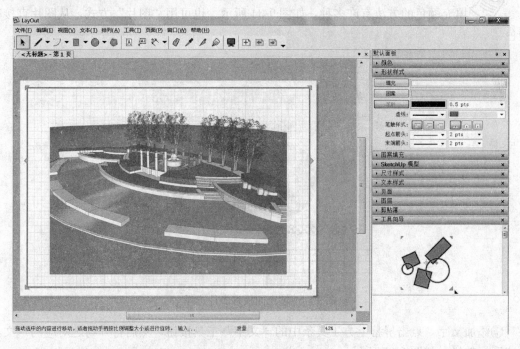

图 9-32　加上图框的场景

　　⑥接下来继续使用矩形工具绘制出右侧图纸说明栏，说明栏选择深灰的填充颜色，完成
效果如图 9-33 所示。

图 9-33　说明栏填充颜色

填充颜色的方法有许多种，如图 9-34 所示。也可用"图片"方式，从图片直接吸颜色。

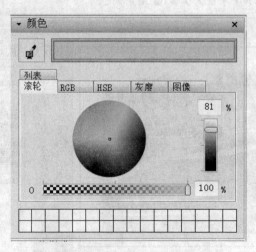

图 9-34　填充面板有多种选择

⑦添加文字，点击屏幕上方工具条中的"文字"工具按钮，然后打开与之对应的"文本样式"标签栏，如图 9-35 所示。

⑧先窗选需要打字的区域，然后打出文字，用文本样式面板调节格式。也可以插入图片，执行"文件">"插入"命令，在文件夹中找出需要的图片，单击"打开"按钮，这样便可以将图片插入 LayOut 中，如图 9-36、图 9-37 所示。

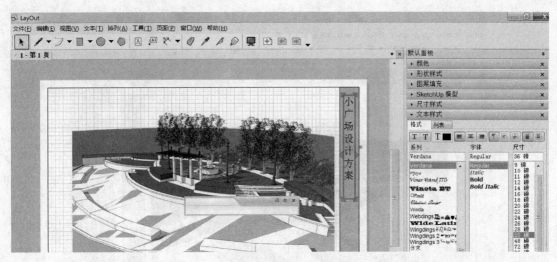

图 9-35　输入文字

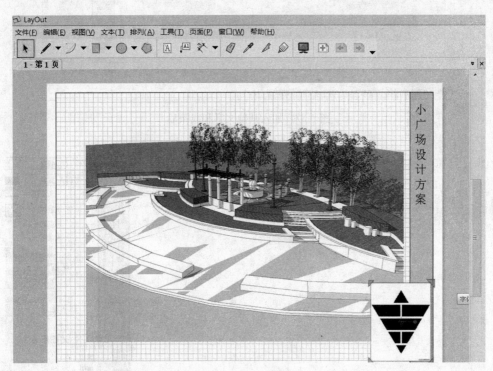

图 9-36　插入图片

在插入的图片进行比例缩放的过程中，按住"Ctrl"键等同于复制并缩放命令，按住"Shift"键是等比例缩放命令，按住"Alt"键是以图片为中心点开始缩放。也可以直接在当前场景的右下角文本框中输入相应的数值来直接完成需要的显示效果。

⑨打开 LayOut 中的"图层"面板，单击"＋"，新建一个图层，如图 9-38 所示。

⑩将所有与图框相关的内容全部选中（其中不包括视图），右击鼠标在弹出的菜单中选择"组"命令，将绘制完成的散件组装起来，如图 9-39 所示。

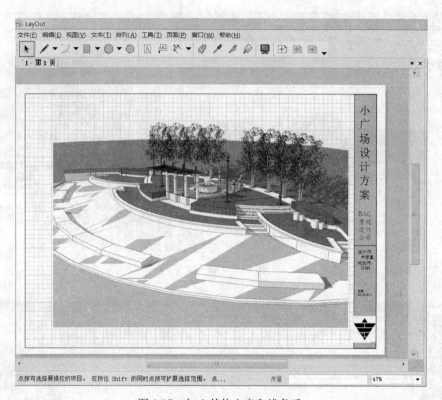

图 9-37　加入其他文字和线条后

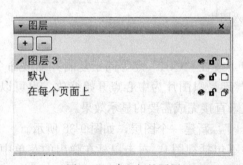

图 9-38　建立新的图层

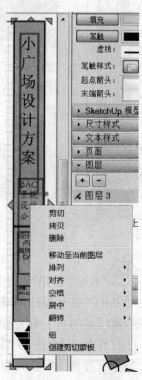

图 9-39　项目成组

⑪图层面板中以蓝色显示的图层为当前层，如果这个图层一直处在被选择状态，则接下来所绘制的所有图形都会被存储在这个当前图层中。

⑫双击该图层可以为其更改名称，每个图层都有相同的三个属性，分别是"隐藏""锁定"及"图层信息共享"，如图 9-40 所示。

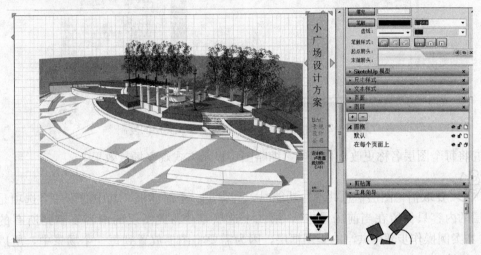

图 9-40　图层的属性

⑬图层名称改完后，将绘制完成的图框移至图框层中，首先在视图中图框上右击鼠标，在弹出的菜单中选择"移动至当前图层"命令，如图 9-39 所示。此时鼠标选择上图框时，在当前图层蓝色状态条前面会出现一个深色的小方点，可以确认此时所选择的对象在哪个图层。

⑭将图框层锁定，避免在做其他操作时不小心将制作完的图框层改变或丢失。

在 LayOut 中当前层是不能被隐藏和锁定的，所以在执行此类命令前先要将此图层变为普通图层才能进行相应的操作，点击一下其他图层即可将此图层的当前层属性去掉。

⑮"共享图层"功能。功能面板"页面"功能打开后的效果如图 9-41 所示，单击"＋"便可以新建一个页面，是一个完全空白的页面。

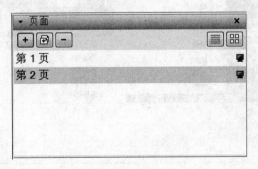

图 9-41　页面面板

⑯接下来单击"－"删除新建的场景，然后回到图层面板中，单击图框层的"共享图层"按钮，图框自动出现在新建的页面中，如图 9-42 所示。

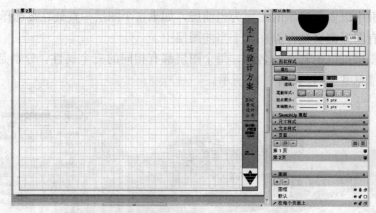

图 9-42　图层出现在每个面页上实现图层的复制

⑰将每个图层名称更改，再单击"缩略图"显示方式观察场景效果。

要取消"图层信息共享"功能时，会弹出一个对话框，其中的第一个选项是"将此图层的内容只保留在当前场景中"，第二个选项是"将此图层的内容复制到所有的场景中"，本案例操作步骤中共享的是图框层，因为需要将图框放置到每一个场景中，所以要选择第二个选项。

⑱选择新建的页面，在"菜单">"导入"中选择 SketchUp 文件导入，页面中已经显示出了模型的视图，在场景处于被选中的状态后在绘图区域右击鼠标，在弹出的菜单中选择要表现的场景（在 SketchUp 中设置好的场景）完成效果，如图 9-43 所示。

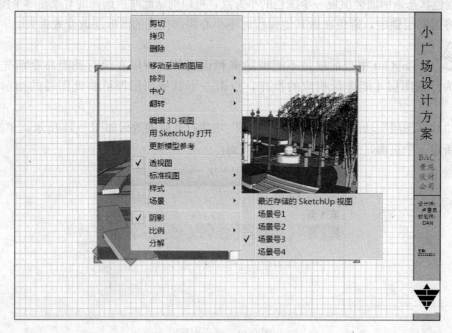

图 9-43　布置不同的透视画面

⑲按照上述步骤继续将其他已经完成的视角也制作完成，最终效果如图 9-44 所示。视图可以复制后双击进行编辑、转换角度或增加其他标注等。

⑳回到场景，打开"剪帖簿"命令面板，其中有许多专业符号，点击"虚显框"图形移动鼠标即可将其移至图中的位置，如图 9-45 所示。

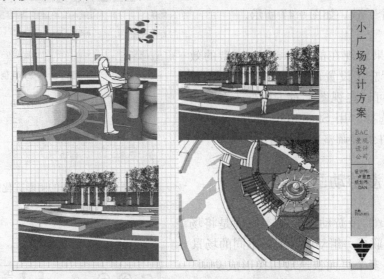

图 9-44　布置 4 个不同的页面效果

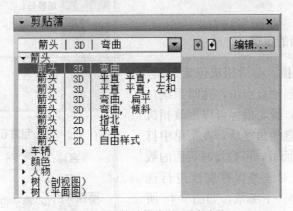

图 9-45　剪贴簿中的不同图形

㉑在 SketchUp 模型下的"样式"标签栏点击下接列表框中的样式，可以把当前的视图变成所选择的样式，如图 9-46 所示。

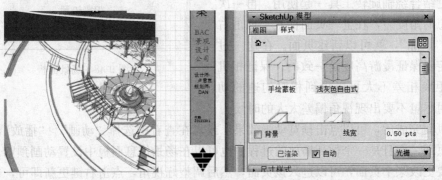

图 9-46　选择不同的显示样式

㉒SketchUp 模型里还有一个很有用的调节功能，就是阴影和雾化，其调节方法与 SketchUp 完全一致，如图 9-47 所示。

如果对现在的 SketchUp 模型的效果不满意或者忘了设置而必须要回到 Sketch-Up 中加载，可以在视图上右击鼠标，在弹出右键菜单中选择"用 SketchUp 打开"，进入 SketchUp 软件继续调整和保存所示。

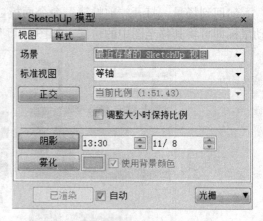

图 9-47　视图的阴影雾化效果

9.6　输出漫游动画

SketchUp 的漫游动画的基本原理是将场景通过软件串联成一组动画，记录不同的场景内容，场景的多个页面快速地切换形成动画。主要用到的工具有定位视图 ♀ 、正面观察工具 ☜ 和漫游工具 ⸚ 。

9.6.1　输出漫游动画的步骤

①确定漫游的路径。激活相机位置工具，设置好漫游高度后在起始点点击，这时系统自动激活绕轴旋转工具，滑动鼠标可以更改相机的拍摄位置，找到满意的角度后，在菜单中打开"窗口">"场景"面板，可以增减页面的数量和改变顺序，以及对一些保存属性进行选择，点击"＋"，新建一个场景，如图 9-48 所示。也可以通过"视图">"动画"进行场景的控制，如图 9-49 所示。

②激活漫游工具，可以往前走，这时按下鼠标中键结合绕轴旋转工具一起使用。再一次得到理想的角度后，在上一页面标签上点击右键选择"添加"，就可以新建页面。在这一过程中一定要保证漫游高度是一致的。保证相机行走的距离相差不大可以得到相对匀速的动画。同时尽量不要出现视角偏差太大的时候。

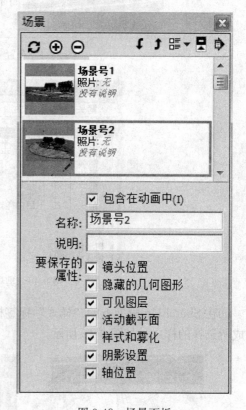

图 9-48　场景面板

③页面完成后，可以点击预览动画效果。或者在查看中选择"动画">"播放"，可以依次播放页面，而且是一个循环播放的过程。也可以在场景信息面板中设置动画预览。

④要更改某个页面，可以进入该页面，然后调整好视角，点击右键更新即可，也可以进入页面面板中更新。同时还可以点击右键选择"添加"，在页面间增加一个新的页面。

图 9-49　动画场景的控制菜单

⑤完成后，选择"文件">"导出">"动画"，选用 AVI 格式，在选项面板中设置好参数，即可保存，一般要勾选抗锯齿选项，以获得较好的动画质量。

⑥设定场景时间长度与场景之间停顿时间。点击"文件">"输出">"动画"，在"选项"面板中设定动画的帧速率，一般电影每秒 30 帧，pal 制式为每秒 24 帧。动画尺寸，以 DVD 格式为 640×480（或 720×480），插入 PPT 多以 640×480 为主，但尺寸越大，文件越大。根据场景转换的时间设定动画的时间长度，如图 9-50 所示。

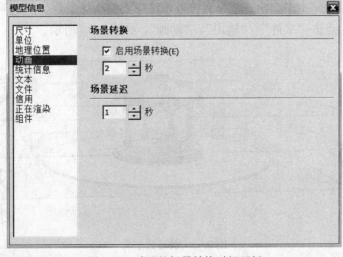

图 9-50　动画的场景转换时间面板

⑦设定完成后，即可开始输出动画，如图 9-51、图 9-52 所示。

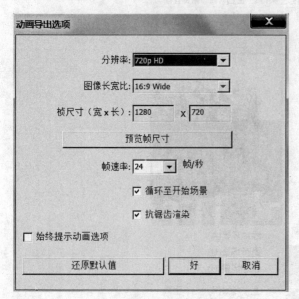

图 9-51 设定动画导出

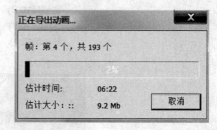

图 9-52 动画导出过程中

9.6.2 建筑生长动画

建筑生长动画是通过记录场景截平面工具对建筑产生的变化来完成的。截平面在文件中一般只能有一个是激活状态，但是通过组的设定可以使多个截面工具通知激活，从而实现多个截面同时发生变化，通过它们形成生长的效果。一般操作流程为：

①选择需要做生长动画的模型，确定好视角。

②用截平面工具在模型增加截平面，如图 9-53 所示，此处用了 4 个截平面图，其中黄色的为激活的截平面符号。

③建立 4 个场景，按从下至上顺序用右键菜单激活截平面，并相应地把场景中其他截平面符号关闭，这样动画中不会出现截平面符号，注意要更新场景，如图 9-54、图 9-55 所示。

④输出动画，点击"文件"＞"输出"＞"动画"，如图 9-56 所示。

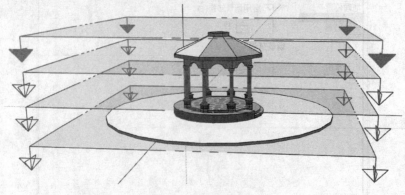

图 9-53 设定截平面

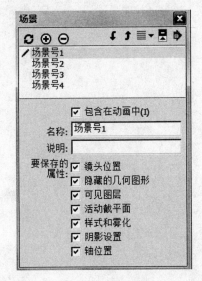

图 9-54 场景设定

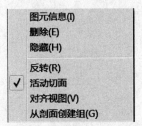

图 9-55 右键激活截平面

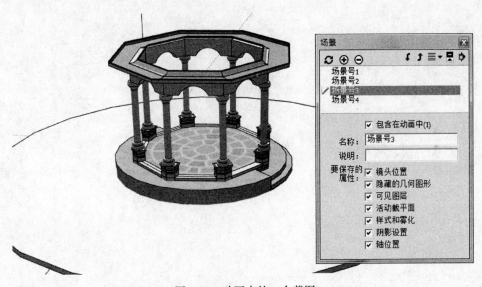

图 9-56 动画中的一个截图

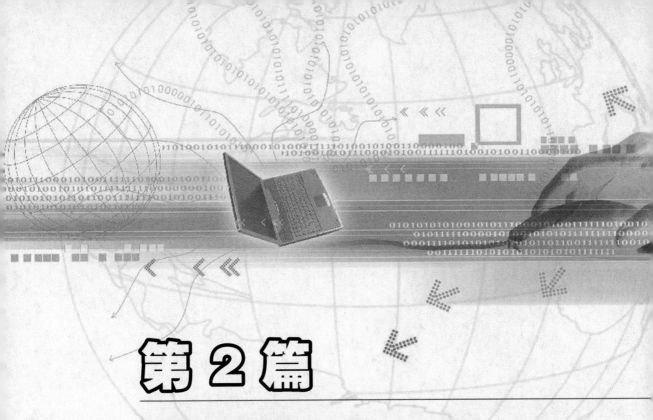

第 2 篇

V-Ray for SketchUp

第 10 章   V-Ray for SketchUp 基础

10.1   渲染器

在计算机辅助设计中，渲染（Render）是指计算三维场景的效果生成视频输出结果的过程。在图形流水线中，渲染是最后一个步骤，通过它得到模型与动画最终显示效果，一个三维场景在渲染前已经具有三维模型、照明、纹理、视场等信息，渲染输出的结果是静帧或视频动画。渲染器分为硬件渲染器和软件渲染器，硬件渲染器主要用于游戏、虚拟现实等实时渲染，而软件渲染器主要用于效果图和影视等离线渲染。硬件渲染器的速度快，但难以达到照片级的真实效果；而软件渲染器可以达到照片级的真实效果，但渲染速度不能达到实时回放的要求。硬件渲染器是计算机的硬件单元，采用适合硬件架构的光栅化方法进行渲染，图形应用程序接口（API）负责与硬件的通信，DirectX 和 OpenGL 是常见的图形 API，多数的 3D 专业显卡支持 OpenGL，而多数的游戏显卡支持 DirectX。软件渲染器是安装在计算机系统中的软件程序，利用 CPU、GPU 的计算单元计算渲染。

10.2   SketchUp 常用渲染器

SketchUp 没有内置渲染器，在 SketchUp 中构建的三维场景，直接导出的图是水彩风格的，要得到照片级的效果图，可以将三维场景导入其他三维软件渲染，也可以借助渲染器类的软件渲染。与 SketchUp 衔接较好，在国内用户量较大的这类软件有 3ds Max、V-Ray、Artlantis、Lumion 等。

3ds Max 是美国 autodesk 公司的产品，是制作效果图和三维场景漫游动画的经典软件，在建筑场景表现、游戏角色设计等相关的领域用户量巨大。软件自身具备三维建模、材质、灯光、渲染、动画等功能，有内置渲染器 Scanline，也可嵌入 V-Ray、Mental Ray 等外挂渲染器。如果一个设计师同时会 SketchUp、3ds Max、V-Ray 三个软件，一般是用 SketchUp 创建直板类的模型，用 3ds Max 来做复杂的曲面模型，最终在 3ds Max 环境中用 V-Ray 渲染。

V-Ray 是保加利亚 Chaos Group 公司的产品，官方网站 http：//www. chaosgroup. com/。V-Ray for 3ds Max 是主流产品，V-Ray for SketchUp（VFS）可以理解为 V-Ray for 3ds Max 的简化版本，渲染的效率和效果比 V-Ray for 3ds Max 要差一些，但目前 V-Ray for SketchUp 在国内户量较大，教程等资料丰富，目前比较流行。

Artlantis Studio 是法国 Abvent 公司的产品，官方网站 http：//www. abvent. com/。软件自身具备材质、灯光、渲染、动画等功能，渲染速度和效果良好。可能由于它是独立的渲染软件，使用者需要熟悉其界面并学习其操作方式，在国内始终没有火爆起来。

Lumion 是荷兰 Act-3D 公司的产品，官方网站 http：//lumion3d. com/。Lumion 是一个做三维场景漫游动画的小软件，软件有地形、天气、海洋等系统，具备材质、灯光、渲染、动画等功能，视点变换等操作方式与 CS 等游戏相似。软件有两个突出的特点：①自备的三维素材库丰富，树木、花卉、汽车等种类繁多，动态的三维人物、鸟兽、流水、喷泉等效果尚可；②显示和渲染基于显示适配器，编辑时实时刷新速度快，渲染时速度快效果也可以接受，对于高端的游戏显卡是最好的选择。

10.3　V-Ray for SketchUp 版本

2013 年 9 月 Chaos Group 公司发布了 V-Ray for SketchUp 2.0，2014 年 3 月发布了第一次升级包 Service Pack 1（版本 20024261），如图 10-1、图 10-2 所示，由于 SketchUp2014 的脚本语言 Ruby 升级，V-Ray for SketchUp 2.0 SP1 为 SketchUp2014 和早期版本 SketchUp2013 等提供了两种不同的安装包，V-Ray for SketchUp 的 demo 版本可以在官方网站免

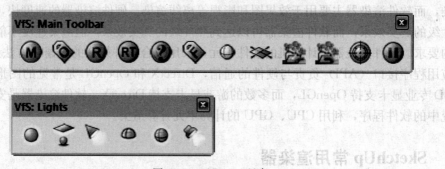

图 10-1　V-Ray 工具条

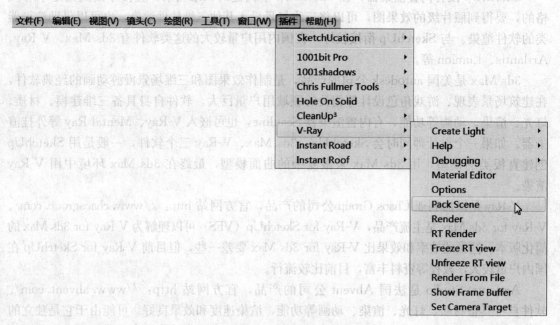

图 10-2　V-Ray 菜单

费下载，http：//www.chaosgroup.com/，在线帮助 http：//help.chaosgroup.com/。Chaos Group 官方网站上的前一个正式版本是 1.49.01，2013 年春季 Chaos Group 曾向正版用户提供 1.6beta 版本测试，至 8 月底时未按承诺发布 1.6 正式版本，而是提供 2.0beta 版本继续测试，至 9 月中旬推出 2.0 正式版本。VFS 至今没有发布官方中文版本，国内存在不同的汉化版本，顶渲网的汉化版本影响较大，http：//www.toprender.com/。

V-Ray for SketchUp 是基于西文开发的软件，在中文等双字节系统运行时兼容性差，与 V-Ray 相关的路径（文件、文件夹名称）、Windows 的用户名等推荐使用英文、数字等单字节字符，以降低由于双字节发生错误的概率。

10.4　V-Ray for SketchUp 与 SketchUp 的配合

　　V-Ray for SketchUp（VFS）是针对 SketchUp 开发的 V-Ray 版本，在充分利用 SketchUp 已有功能的基础上，提供了照片级渲染器，增强和丰富了 SketchUp 材质、灯光、摄影机的性能，补充了球体、平面、场景打包等与渲染有关的功能模块。VFS 与 SketchUp 浑然一体，在工作过程中无缝连接，操作流程人性化程度高，与人的思维过程匹配良好。

　　园林设计以表现白天室外场景为主，工作中 VFS 与 SketchUp 的配合一般做法是：在 SketchUp 中创建材质并调整贴图的位置和大小，在 V-Ray 中添加反射等材质层并调整材质参数；使用 SketchUp 的阳光系统生成阴影，使用 V-Ray 的阳光系统测算光照和天气，使用 V-Ray 的物理相机控制曝光；照片级渲染和输出由 V-Ray 完成。

第 11 章　V-Ray for SketchUp 材质

11.1　V-Ray 材质和 SketchUp 材质

　　V-Ray 材质是特别为 V-Ray 渲染器优化过的，可以真实地表现漫反射、反射、折射等效果。V-Ray 材质编辑器与 SketchUp 材质编辑器完全兼容，在 SketchUp 材质编辑器中，使用材质库中的一个材质或创建一个新的材质，它会自动转换为 V-Ray 材质，接下来就可以在 V-Ray 材质编辑器中为这个材质添加反射、折射等材质层，以获得真实的表现效果。在 SketchUp 材质编辑器中修改一个材质，V-Ray 能自动接受。在 SketchUp 中改变一个材质的纹理贴图位置和比例，V-Ray 能够识别。在 V-Ray 材质编辑器中创建的材质，可以像使用 SketchUp 材质一样用 SketchUp 的油漆桶工具⊗操作。保存带有 V-Ray 材质的组件，在另一个场景中使用这个组件时 V-Ray 材质会一起回来。

　　在使用 VFS 的过程中，不需要区分一个材质是 V-Ray 的还是 SketchUp 的，无论这个材质是从 V-Ray 材质库中调入或新建的，还是从 SketchUp 材质库中调入或新建的，都是属于当前场景的材质。SketchUp 材质编辑器可以修改这个材质的颜色、纹理贴图等基本属性，所做的修改当前场景中即时表现出来，而 V-Ray 材质编辑器则可以修改这个材质的反射、折射等高级属性，所做的修改需要渲染才能看到。

11.2　V-Ray 材质编辑器

　　🖱单击 V-Ray 主工具条中的🅜，打开材质编辑器 V-Ray material editor，如图 11-1 所示。左下角区域是材质列表 Materials list，列有当前场景中的所有材质，🖱单击列表中的一种材质将其选为当前材质。左上角区域是材质预览区，如图 11-1 所示，操作①②③可以预览当前材质的效果，在修改一个材质的参数后可以手动或即时预览材质的效果。右侧是当前材质的材质层。材质列表-材质-材质层，是 V-Ray 管理材质的三个层次。材质和材质层的相关操作是在右键菜单中完成的，如图 11-2 所示，操作①②③可以创建一个标准材质，新创建的标准材质默认有漫反射层 Diffuse、选项层 Options、贴图层 Maps，其中选项层是标准材质的一般参数。一个标准材质可以添加多个自发光层 Emissive、反射层 Reflection、漫反射层 Diffuse、VRayBRDF 层、折射层 Refraction，如图 11-3 所示，右侧的材质层从上到下的次序，对应材质贴到物体表面后由表及里的顺序，如图 11-3 所示，操作①②③可以为当前材质创建一个反射层。

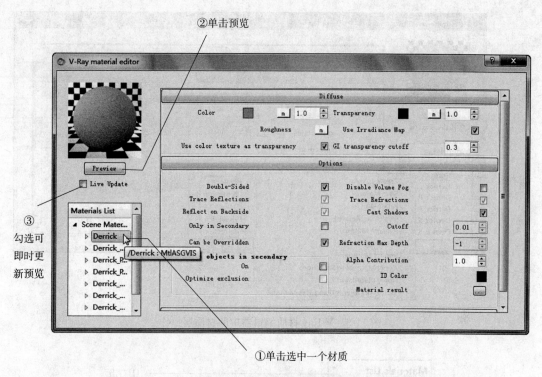

②单击预览

③勾选可即时更新预览

①单击选中一个材质

图 11-1 V-Ray 材质编辑器

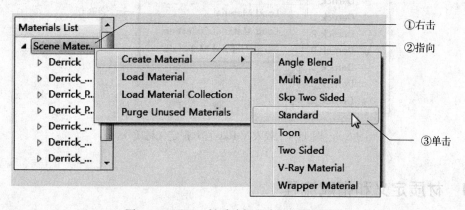

①右击

②指向

③单击

图 11-2 V-Ray 材质编辑器中的材质操作

11.3 预定义材质的使用

Chaos Group 公司预定义了大量常用材质，在其官方网站注册后可免费下载，http：//www.chaosgroup.com/，国内网站 SketchUp 吧等也常有网友交流自己定义的材质，http：//www.sketchupbar.com/。对初学者来说，使用官方预定义的材质是条捷径，查看、分析预定义材质的材质层结构和参数设置是有效的学习方法，如图 11-4、图 11-5 所示，操作①②③④⑤可以载入一个官方预定义的砖 Brick 材质。

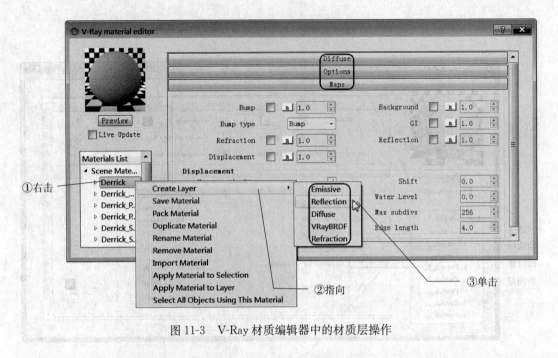

图 11-3　V-Ray 材质编辑器中的材质层操作

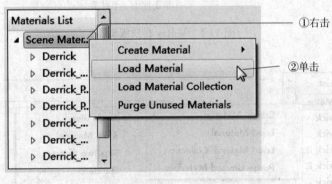

图 11-4　载入 V-Ray 官方预定义材质

11.4　材质定义和指赋流程

11.4.1　SketchUp 材质

新建的材质如果要使用纹理贴图，为了保持纹理贴图的原始长宽比，一般是先在 SketchUp 材质编辑器中创建一个新材质，然后在 V-Ray 材质编辑器中添加反射、折射等材质属性，定义和指赋流程如下：

①在 SketchUp 中创建一个新材质：单击油漆桶按钮 打开材质窗口，SketchUp 2013 官方中文版中这个窗口叫"使用层颜色材料"。在材质窗口中单击创建材质按钮 ，勾选"使用纹理图像"，在磁盘上找到要使用的纹理贴图文件。单击"编辑"选项卡，设置材质大小至纹理贴图可分辨。

②将材质赋给物体。

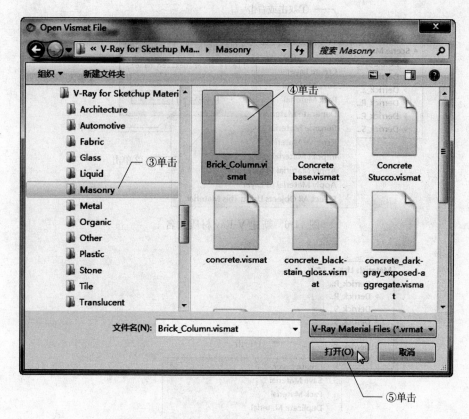

图 11-5　载入 V-Ray 官方预定义的砖 Brick 材质

③调整纹理在物体表面的位置和大小。

④在 V-Ray 材质编辑器中添加材质属性：👆单击 V-Ray 主工具条中的材质编辑器按钮
⚙，为材质添加反射、折射、凹凸、置换、材质层混合等属性。

⑤渲染检查：👆单击 V-Ray 主工具条中的渲染按钮⚙。

11. 4. 2　V-Ray 材质

如果新建的材质不使用纹理贴图，可在 V-Ray 材质编辑器中完成材质的定义和指赋，
一般流程如下：

①在 V-Ray 材质编辑器中创建一个标准材质：👆单击 V-Ray 主工具条中的材质编辑器
按钮⚙，打开 V-Ray 材质编辑器，如图 11-2 所示操作，创建一个 V-Ray 标准材质，这个新
材质的默认名称是 DefaultMaterial（默认材质）。

②更改新建材质的默认名称：如图 11-6 所示，👆双击材质列表中的 DefaultMaterial，
或在 DefaultMaterial 上👆右击，在弹出的对话框中⌨输入材质命名，如：floor。

③选择要使用该材质的物体：在场景中👆单击选择要使用该材质的物体表面。

④将材质赋给已选择的物体：如图 11-7 所示①②操作。

⑤添加反射、折射等材质属性。

⑥渲染检查：👆单击 V-Ray 主工具条中的渲染按钮⚙。

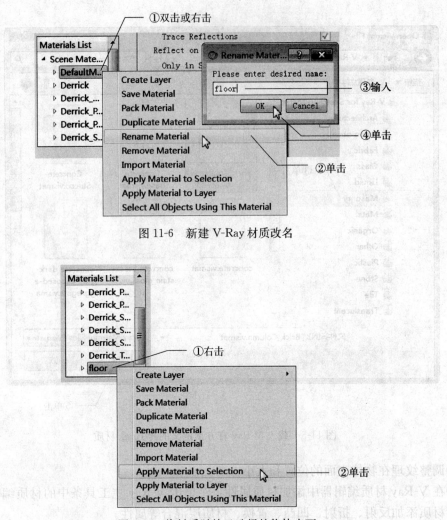

图 11-6 新建 V-Ray 材质改名

图 11-7 将材质赋给已选择的物体表面

11.5 常用材质定义

11.5.1 漫反射材质

【例 11-1】漫反射材质定义

打开随书光盘配套素材 > 第2篇 V-Ray for SketchUp > scene 中的 "materials01. skp",为场景中的地板(9m×9m×0.01m)定义一个标准材质,漫反射贴图使用棋盘格。

①参照 11.4.2 V-Ray 材质中的步骤,定义一个标准材质,重命名为 floor,将其赋给场景中的地板。

②如图 11-8 所示①操作,指定材质的漫反射贴图。

③如图 11-9 所示②③操作,选择棋盘格 TexChecker 作漫反射贴图。如果使用纹理贴图作漫反射贴图,可参照图 11-36 所示①②操作。

④如图 11-9 所示④⑤操作,⌨输入棋盘格贴图在 U、V 两个方向上的重复值。

⑤如图 11-9 所示⑥操作，从贴图定义窗口返回材质编辑器窗口。

⑥如图 11-8 所示⑦操作，预览定义的地板材质。

⑦单击 V-Ray 主工具条中的渲染按钮，场景渲染结果如图 11-10 所示。

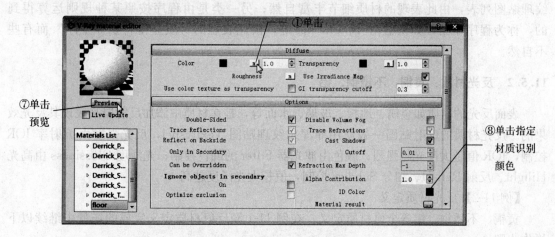

图 11-8　指定材质的漫反射贴图

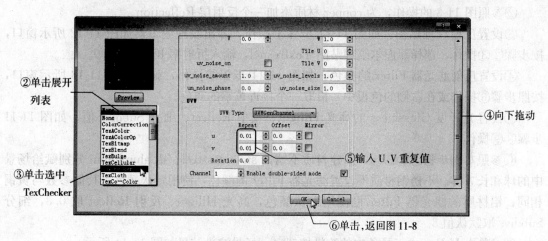

图 11-9　选择棋盘格贴图，输入 U、V 重复值

图 11-10　地板的渲染结果

漫反射材质层使用的纹理贴图可以分为两大类：一类由真实存在的某种材质的数码照片加工而成，如砖、石、木材、草坪等，称为位图 TexBitmap，如图 11-9 左侧的纹理贴图列表，由此表现的材质细节丰富自然；另一类是由程序按照某种规则运算得到的，称为程序贴图，如棋盘格 TexChecker 等，由此表现的材质显得特别"干净"而有些不自然。

11.5.2 反光材质：黄铜、不锈钢、铝

表面反光的材质如金属、地板、玻璃、水面等，是在材质中添加反射层来表现其反光效果的。反光材质的反射贴图一般使用菲涅尔纹理贴图 Texfresnel，反光强度由折射率 IOR 控制，IOR 值越大反光越强烈；颜色由滤光器 Filter 的颜色控制；光泽度 Glossiness 由高光 Hilight、反射 Reflect、细分 Subdivs 控制，值越大光泽度越高。

【例 11-2】反光材质定义

黄铜、不锈钢、铝等金属材质定义，在例 11-1 漫反射材质定义完成的场景中继续以下操作步骤：

①新建一个标准材质，重命名为 copper，将其赋给场景中的圆柱。

②参照图 11-3 的操作，为 copper 材质添加一个反射层 Reflection。

③设置反射纹理贴图。如图 11-11 步骤①操作，弹出纹理编辑器如图 11-12 所示窗口，按步骤②③操作，选择菲涅尔纹理贴图 Texfresnel，输入折射率 IOR 值 16.0。

④设置反射滤光器 Filter 的颜色。如图 11-11 步骤⑤操作，弹出如图 11-13 所示窗口，按照步骤⑥操作或在右侧的色板中，拾取一个接近黄铜的颜色。

⑤设置光泽度 Glossiness 的高光 Hilight、反射 Reflect、细分 Subdivs 值。如图 11-11 步骤⑧⑨操作。

⑥参照本例步骤①②③⑤，新建材质不锈钢 stainlesssteel、铝 aluminium 分别赋给场景中的球和长方体。不锈钢材质不设置滤光器 Filter 的颜色，使用默认颜色，其他参数与黄铜相同；铝材质的滤光器 Filter 也使用默认颜色，高光 Hilight、反射 Reflect 取 0.8，细分 Subdivs 取默认值 8。

⑦单击 V-Ray 主工具条中的渲染按钮，场景渲染结果如图 11-14 所示。

菲涅尔纹理贴图 Texfresnel 的 IOR 值，金属为 6~26，塑料为 1~5。光泽度 Glossiness 的高光 Hilight、反射 Reflect 小于 1.0，细分 Subdivs 一般为 22~40，多数情况取 32。

11.5.3 折射材质：玻璃、水

光从一种透明介质斜射入另一种透明介质时，传播方向一般会发生变化，这种现象叫光的折射。具有折射现象的材质，如玻璃、水体等，其折射效果的表现是在材质中添加折射层来实现的。折射材质的透明度一般由漫反射层的透明度控制，灰度值为 0~255，值越大就越透明；颜色由折射层的颜色或雾 Fog 的颜色和倍增值控制。

【例 11-3】玻璃材质定义

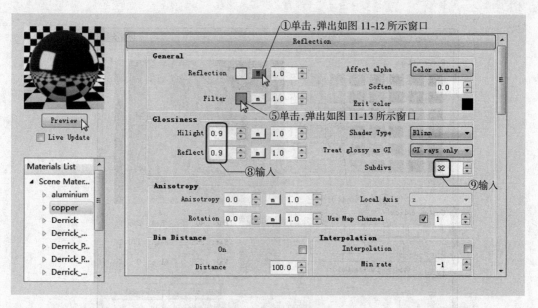

图 11-11 反射层材质参数

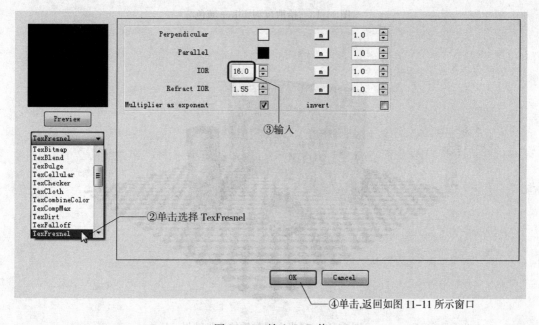

图 11-12 输入 IOR 值

打开随书光盘配套素材 > 第 2 篇 V-Ray for SketchUp > scene 中的"materials01.skp",为场景中的球、圆柱、长方体创建玻璃材质。操作步骤如下:

①新建一个标准材质,重命名为 glass,将其赋给场景中的球、圆柱、长方体。

②参照图 11-3 的操作,为 glass 材质添加一个反射层 Reflection,设置光泽度 Glossiness 的高光 Hilight、反射 Reflect 为 0.95 左右。

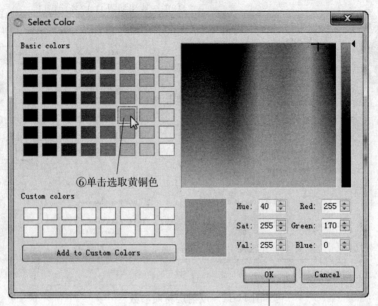

⑥单击选取黄铜色

⑦单击返回如图 11-11 所示窗口

图 11-13 拾取反射 Filter 颜色

图 11-14 反光金属材质的渲染结果

③参照图 11-3 的操作，为 glass 材质添加一个折射层 Refraction。

④设置漫反射层的透明度至全透明，灰度值为 255，如图 11-15 所示操作。减小透明度的灰度值，如取 200，可获得半透明毛玻璃的效果，如果觉得玻璃太暗了，可同时增大漫反射颜色的灰度值。

⑤折射层 Refraction 的参数设置，如图 11-16 所示①操作，光泽度 Glossiness 设为 0.95

左右、折射率 IOR 保持默认值 1.55。

⑥玻璃的颜色有两种设置方法，呈现的效果有所不同：一是如图 11-16 所示②操作，在弹出的色板中（图 11-13）拾取玻璃的颜色，可表现那种无色玻璃表面涂有透明颜料的效果；二是如图 11-16 所示③④操作，拾取玻璃的颜色并🔲输入颜色的倍增值，用于表现那种原生彩色玻璃的效果，呈现颜色浸透整块玻璃的效果。

⑦🖱单击 V-Ray 主工具条中的渲染按钮 ⊛，场景渲染结果如图 11-17 所示。

漫反射层的透明度 Transparency，在黑色至白色的灰度区间，越白透明度越大，设置为纯白色时玻璃 100% 全透明。折射层的折射率 IOR：玻璃 1.517、水 1.33、空气 1.000 29。建筑物表面的玻璃理论上是存在折射的，但观察者对这种折射现象并不敏感，为了减少渲染时间，表现这种材质时一般只增加反射层而没有折射层。

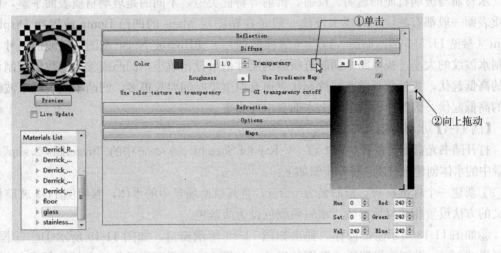

图 11-15 玻璃的透明度

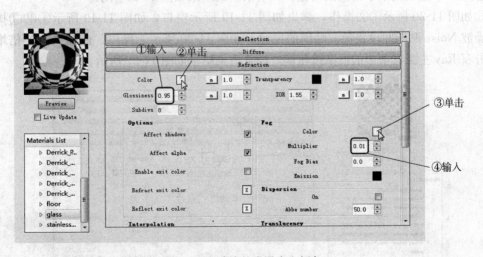

图 11-16 玻璃的光滑度和颜色

图 11-17　折射材质的渲染结果

水材质与玻璃材质的透明、反射、折射等特征类似，不同的是玻璃材质表面平整，而水材质表面一般都有波纹。表现水波纹一般是在贴图层 Maps 的凹凸 Bump 或置换 Displacement（参见 11.5.5 凹凸贴图、11.5.6 置换贴图）上使用噪波 Noise 贴图，噪波的尺寸 Size 控制水波纹的大小，视点距水面越近噪波的尺寸值可设得越小。凹凸或置换的数值控制水波纹的高低起伏，置换获得的水波纹起伏更逼真但渲染时间要长很多，凹凸不能表现水波纹太大的高低起伏，因凹凸的数值太大水面会出现光斑。

【例 11-4】水材质定义

打开随书光盘配套素材 > 第2篇　V-Ray for SketchUp > scene 中的 "materials02. skp"，为场景中的水体创建水材质。操作步骤如下：

①新建一个标准材质，重命名为 water，将其赋给场景中的水体，参照例 11-3 玻璃材质定义的方法设置相关材质参数，水材质颜色设为淡蓝色。

②如图 11-18 所示①②操作，弹出如图 11-19 所示窗口，如图 11-19 所示①②③操作，选择噪波 Noise 贴图并设置噪波贴图的尺寸。如图 11-18 所示③操作，键输入凹凸倍增值。单击 V-Ray 主工具条中的渲染按钮，场景渲染结果如图 11-21 所示。

③如图 11-20 所示①②操作，弹出如图 11-19 所示窗口，如图 11-19 所示①②③操作，选择噪波 Noise 贴图并设置噪波贴图的尺寸。如图 11-20 所示③操作，键输入置换倍增值。单击 V-Ray 主工具条中的渲染按钮，场景渲染结果如图 11-22 所示。

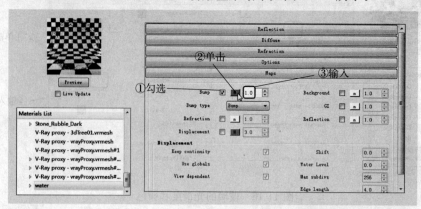

图 11-18　贴图层启用凹凸并设置凹凸倍增值

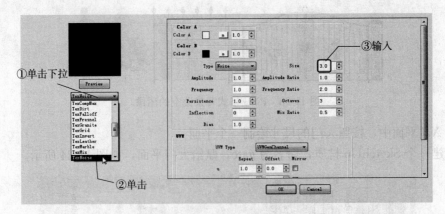

图 11-19　选择噪波贴图并设置尺寸

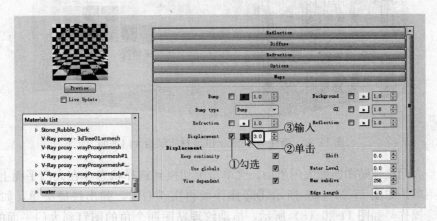

图 11-20　贴图层启用置换并设置置换倍增值

图 11-21　凹凸噪波贴图表现的水波纹

图 11-22　置换噪波贴图表现的水波纹

11.5.4　镂空贴图 Alpha：栅栏、树木、人物

SketchUp 预定义的围篱材质使用 PNG 格式的纹理贴图，利用 PNG 格式图像自身的镂空特性控制哪些区域透明。栅栏、二维树木和人物等纹理贴图，可使用 Photoshop 等图像处理软件镂空背景，如图 11-23 所示，存储为 PNG 格式的 RGB 色彩图像文件。

【例 11-5】铁艺围栏材质定义

铁艺围栏材质定义步骤如下：

图 11-23　PNG 格式背景镂空的图像

①在 XZ 平面中，按照大门的尺寸绘制一个平面。

②新建一个 SketchUp 材质，命名为 gate，赋给大门平面，如图 11-24 所示。

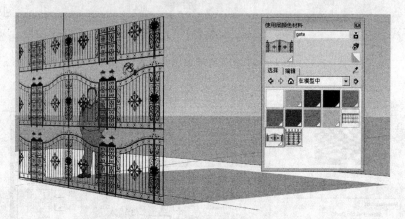

图 11-24　新建一个 SketchUp 材质赋给大门平面

　　③调整大门纹理贴图匹配大门平面。单击切换到选择状态⇨在大门平面上右击，弹出快捷菜单，如图 11-25（a）所示①②操作⇨再次右击，弹出快捷菜单，如图 11-25（b）所示③操作⇨如图 11-26（a）所示，拖动纹理贴图四个角的图钉到大门平面的四个角的位置，使大门纹理贴图恰好匹配大门平面，如图 11-26（b）所示。

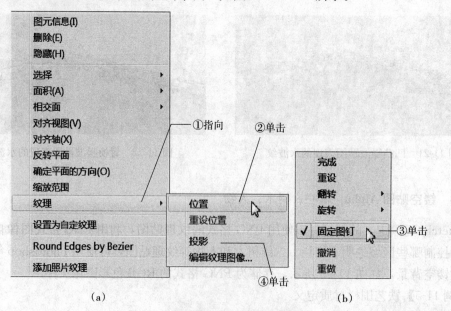

（a）　　　　　　　　　　　　　　　　　　　　（b）

图 11-25　解除纹理贴图的图钉固定

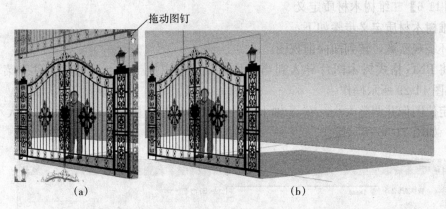

拖动图钉

(a)   (b)

图 11-26　拖动纹理贴图四个角的图钉匹配大门平面

④单击 V-Ray 主工具条中的材质编辑器按钮 ，打开 V-Ray 材质编辑器，如图 11-27 所示，确认已勾选"Use color texture as transparency"（用纹理贴图的 Alpha 通道控制透明）。

⑤参照本例步骤①②③④绘制栅栏平面并赋与栅栏材质。

⑥单击 V-Ray 主工具条中的渲染按钮 ，场景渲染结果如图 11-28 所示。

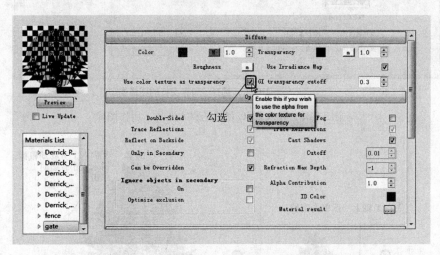

图 11-27　确认已勾选"用纹理贴图的 Alpha 通道控制透明"

图 11-28　镂空围栏渲染后才显示正常阴影

【例 11-6】二维树木材质定义

二维树木材质定义步骤如下：

①环绕观察 ✥，转到面向前视图。

②将 PNG 格式树木图片导入到当前场景，用作图像。SketchUp "文件"菜单 > "导入"，如图 11-29 所示操作。

③定位图像并调整大小，在 X 轴上 单击定位，向右上方移动鼠标待树木大小合适时 单击，如图 11-30 所示操作。

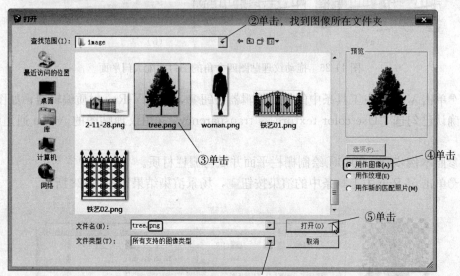

图 11-29 导入 PNG 格式的树木图片，用作图像

图 11-30 在 X 轴上定位图像并调整大小

④ 单击选中树木， 右击， 单击分解。

⑤ 双击选中树木， 右击， 单击创建组件。

⑥如图 11-31 所示操作，创建树木组件，勾选"总是朝向镜头""阴影朝向太阳"。

⑦将创建的树木组件复制成一行。

⑧参照本例②～⑥的操作，插入一人物图片并创建组件。

⑨插入一个三维树木组件，比较二维树木与三维树木的透视和阴影关系，如图 11-32 所示。

⑩单击 V-Ray 主工具条中的渲染按钮 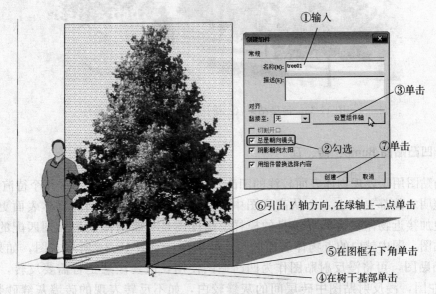，场景渲染结果如图 11-33 所示。

图 11-31　创建树木组件，"总是朝向镜头""阴影朝向太阳"

图 11-32　插入三维树木组件与二维树木比较

二维树木组件只有一个面，渲染速度比三维树木快得多，二维树木的阴影投射方向是正确的，但阴影的形态不如三维树木准确，二维树木在高视点观察场景时形态会失真。二维树木仅用于人眼视高场景中的行道树，或是前面有镂空栅栏遮挡的树木，多数情况下树木和人物是在 Photoshop 中做后期时添加的。

图 11-33 渲染结果（二维树木与三维树木的阴影）

11.5.5 凹凸贴图 Bump：砖、瓦

凹凸贴图用于表现物体表面较浅的凹凸不平的质感，在这项技术中每个待渲染的像素在计算照明之前都要加上一个从高度图中找到的扰动，这样得到的物体表面更加丰富、细致，更加接近物体在自然界本身的模样。高度图是一张与漫反射贴图匹配的灰度图，即凹凸贴图，图中越白的点物体表面的高度就越高，如图 11-34 所示右图，如果没有配对的凹凸贴图，可将漫反射贴图作为凹凸贴图使用，但要注意是否需要反转，如图 11-34 所示左图，漫反射贴图中砖层间的灰缝较白，如不反转表现的砖墙灰缝砂浆就流出来了。

图 11-34 漫反射和凹凸贴图

【例 11-7】砖材质的凹凸定义

砖材质的凹凸定义步骤如下：

①新建一个 SketchUp 材质，命名为 brick，赋给长方体的一个立面，调整纹理尺寸和位置后，赋给拐角的另一个平面，如图 11-37 所示。

②⊕单击 V-Ray 主工具条中的渲染按钮◉，场景渲染结果如图 11-37 方框范围外区域所示（不要关闭这个渲染缓存窗口），这时材质的感觉是印刷在纸张表面的砖纹图像，质感较差。

③⊕单击 V-Ray 主工具条中的材质编辑器按钮◉，打开 V-Ray 材质编辑器，如图 11-35 所示①②③操作，弹出贴图定义对话框如图 11-36 所示。

④如果直接使用 SketchUp 材质库中的材质，由于没有配对的凹凸贴图，只能将同一张漫反射贴图作为凹凸贴图使用，需要先查看 SketchUp 材质漫反射贴图的存储路径，如图 11-35 所示①④操作，如图 11-36 所示②操作，获取漫反射贴图的存储路径，如图 11-35 所示①②③操作，弹出贴图定义对话框如图 11-36 所示。

⑤如图 11-36 所示①②操作，指定凹凸贴图的磁盘路径，🖱单击"OK"按钮返回，如图 11-35 所示⑤操作，⌨输入凹凸倍增值，倍增值越大凹凸越强烈，但值过大会导致色彩失真。

⑥在渲染缓存窗口中，如图 11-38 所示，🖱单击顶部工具条中的区域渲染按钮🔲，框选将要渲染的矩形区域，如图 11-37 所示方框。

⑦🖱单击 V-Ray 主工具条中的渲染按钮🔘，场景渲染结果如图 11-37 方框内区域所示，这时材质有凹凸不平的质感。

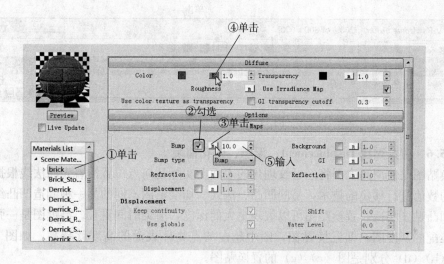

图 11-35　凹凸贴图和倍增值

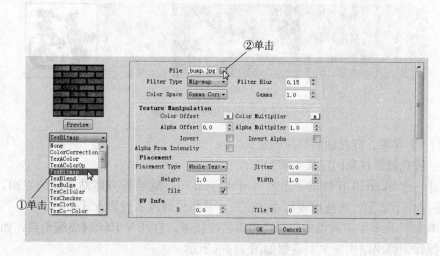

图 11-36　凹凸贴图选用位图

图 11-37 使用凹凸贴图前后的墙体质感

单击

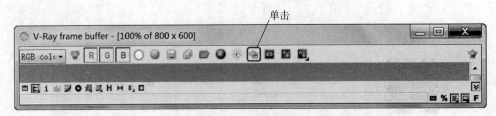

图 11-38 渲染缓存窗口

11.5.6 置换贴图 Displacement：浮雕、嵌花铺装

置换贴图是使用高度图将经过纹理化的表面上实际几何点位置沿着表面法线根据保存在纹理中的数值进行移位的技术，是同凹凸、法线、切线贴图不同的另一种制造凹凸细节的技术。与凹凸贴图相比，置换贴图可以表现更大的深度，渲染时间更长。高度图是一张与漫反射贴图匹配的灰度图，即置换贴图，图中越白的点物体表面的高度就越高，如图 11-39 所示，图（b）（d）分别是图（a）（c）的置换贴图。

(a)　　　　　(b)　　　　　(c)　　　(d)

图 11-39 漫反射和置换贴图

【例 11-8】浮雕、嵌花铺装材质的定义

浮雕、嵌花铺装材质的定义步骤如下：

①新建一个 SketchUp 材质，命名为 embossment，赋给长方体贴浮雕的立面，参照图 11-25 所示操作①②④，调整纹理尺寸和位置，并将纹理改为投影方式。

②单击 V-Ray 主工具条中的材质编辑器按钮，打开 V-Ray 材质编辑器，如图 11-40 所示①②操作，弹出贴图定义对话框如图 11-36 所示。

③如图 11-36 所示①②操作，指定置换贴图的磁盘路径，单击"OK"按钮返回，如图 11-40 所示③操作，输入置换倍增值，倍增值越大凹凸越强烈。

④最终渲染前，将长方体贴浮雕的立面创建组。

⑤单击 V-Ray 主工具条中的渲染按钮 ，场景渲染结果如图 11-41 左图所示。

⑥新建一个 SketchUp 材质，命名为 pavement，赋给做地面的长方体表面，调整纹理尺寸和位置，使贴图在 X、Y 两个轴向上各重复 3 次。

⑦参照本例步骤②～⑤操作，场景渲染结果如图 11-41 右图所示。

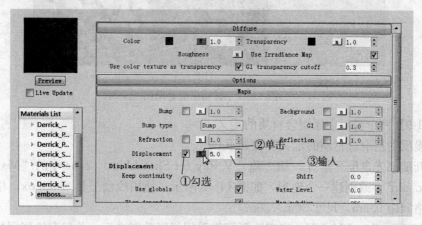

图 11-40 置换贴图和倍增值

图 11-41 置换贴图表现的凹凸感

渲染前，赋有置换贴图的物体需要创建组。如未创建成组，置换贴图的表现异常，要么不出现应有的凹凸感，要么场景中其他物体也表现同样的凹凸感。

11.5.7 材质层混合：草地上践踏出的小路

一个 V-Ray 标准材质中同类的材质层可以有多个，可以为漫反射层 Diffuse 添加 Diffuse1、Diffuse2 等，这些同类材质层从上到下的次序对应材质贴到物体表面后由表及里的顺序，上面一层的透明度 Transparency 决定着下层材质透出的程度，透明贴图则可以控制不同区域的透明度有所变化。透明贴图是一张与漫反射贴图匹配的灰度图，图中越白的像素点该材质层的透明度就越高，下层材质透出的程度就越高。将图 11-42 所示图（a）（b）分别作为上层 Diffuse 的漫反射贴图和透明贴图，图（c）作为下层 Diffuse1 的漫反射贴图，该材质表现的草地将在图（b）中白线的区域透明而显示出下一层的卵石，绘制白线时采用软笔触毛刷，边缘的灰度渐变转换为透明度渐变，表现小路边缘草地被践踏的效果。

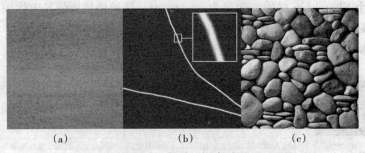

图 11-42　材质层混合贴图

【例 11-9】两个漫反射层混合材质的定义

两个漫反射层混合材质的定义步骤如下：

①打开随书光盘配套素材 > 第2篇　V-Ray for SketchUp > scene 中的 "Materials07_diffuseMix. skp"，或创建一个地形，如图 11-43 所示。使用沙盒工具 Sandbox，根据网格创建 ⊞，栅格间距 0.5m，尺寸 30m×30m。

②使用插件 SketchUpUV，指定地形网格采用投影贴图坐标，并保存地形网格的贴图坐标。切换到顶视图，⊕双击地形网格进入组内，⊕双击选中地形网格，如图 11-44 所示①②③操作，如图 11-45 所示操作。

③新建一个 SketchUp 材质，将其赋给地形网格。材质参数如图 11-46 所示，名称 diffuseMix，使用纹理图像 grass. jpg 作为贴图，尺寸与地形网格相同为 30m×30m。

④如图 11-47 所示操作，加载本例步骤②中保存的贴图坐标。

⑤定义两个漫反射层混合。⊕单击 V-Ray 主工具条中的材质编辑器按钮 ⊙，打开 V-Ray 材质编辑器，参照图 11-3 的操作，为材质 diffuseMix 创建一个新的漫反射层 Diffuse1，如图 11-48 所示①②③操作，为处于上层的漫反射层 Diffuse 指定漫反射贴图和透明贴图，如图 11-42 （a）（b）所示。如图 11-48 所示④操作，为处于下层的漫反射层 Diffuse1 指定漫反射贴图，如图 11-42 （c）所示，因卵石贴图相对地形网格尺寸太小，如图 11-49 所示操作，设置卵石贴图在 U、V 两个方向上各重复 100 次，重复次数与卵石贴图与地形网格相对大小有关。

⑥⊕单击 V-Ray 主工具条中的渲染按钮 ⊙，场景渲染结果如图 11-50 所示。

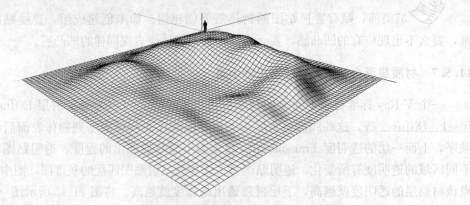

图 11-43　地形网格（间距 0.5m，尺寸 30m×30m）

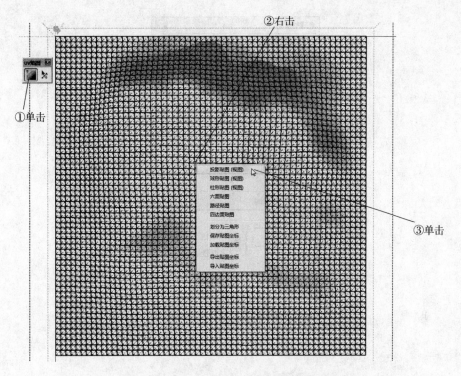

图 11-44　插件 SketchUpUV 指定地形网格采用投影贴图

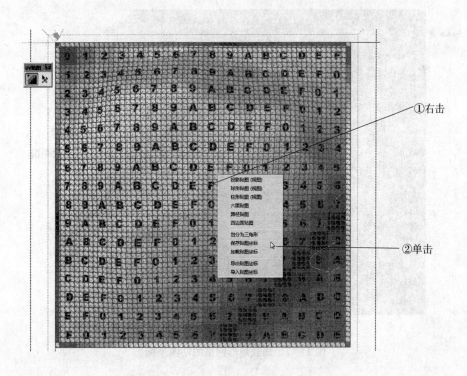

图 11-45　保存地形网格的贴图坐标

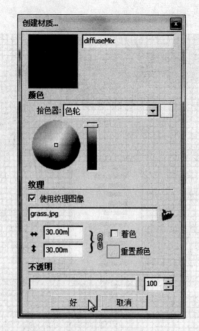

图 11-46 新建 SketchUp 材质 diffuseMix

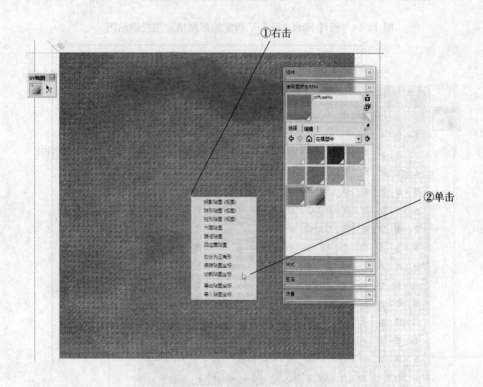

图 11-47 加载地形网格的贴图坐标

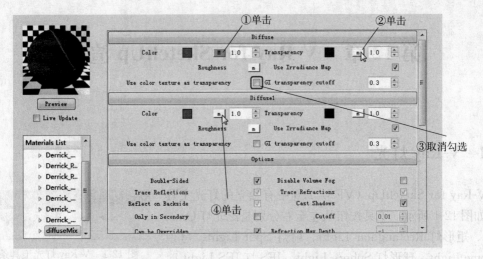

图 11-48　为处于上层的漫反射层指定透明贴图

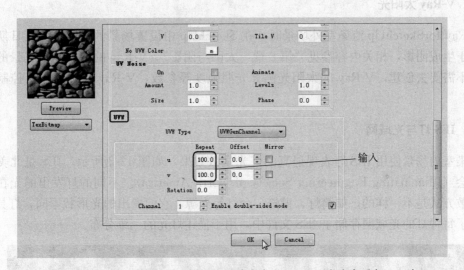

图 11-49　卵石贴图相对地形网格尺寸太小，U、V 两方向各重复 100 次

图 11-50　漫反射层混合材质表现草地上践踏出的小路

第 12 章　V-Ray for SketchUp 渲染

12.1　V-Ray 灯光

V-Ray for SketchUp（VFS）2.0 中有独立的灯光工具条，如图 12-1 所示，工具按钮从左至右分别是泛光灯 Omni Light、矩形灯 Rectangular Light、射灯 Spot Light、穹顶灯 Dome Light、球形灯 Sphere Light、IES 灯 IES Light。

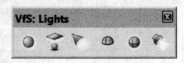

图 12-1　V-Ray 灯光工具条

12.1.1　V-Ray 太阳光

V-Ray forSketchUp 渲染室外场景时，在 SketchUp 中设置场景的地理位置、日期和时间，用于生成阴影，相关内容参见"第 8 章　太阳与阴影"。V-Ray 的太阳光是场景的默认光源，不需要去创建，V-Ray 的太阳光测算光照强度等参数，V-Ray 的物理相机控制场景的曝光。

12.1.2　IES 灯与光域网

渲染室内场景使用 IES 灯表现逼真的灯光发散效果，如图 12-2 所示。IES 是北美照明工程协会（Illuminating Engineering Society of North America）。不同的灯发出的光在空气中的发散方式是不一样的，如筒灯、壁灯、台灯等光源，它们发出的光形状不同，灯具制造商提供了每种灯的光域网存储于 IES 文件中，用于描述灯光的三维分布。

图 12-2　IES 光域网

12.1.3　穹顶灯 Dome Light 与 HDRI 贴图

高动态范围成像（high dynamic range imaging，简称 HDRI 或 HDR）是实现比普通数码图像技术更大曝光动态范围（即更大的明暗差别）的一组技术，目的是要正确地表现真实世界中从太阳光直射到最暗的阴影这样大的亮度范围。HDRI 文件是一种特殊的图像文件格式，它的每一个像素除了普通的 RGB 信息，还有该点的实际照明信息，可以使用这种图像来"照亮"场景，相当于将创建的三维对象"穿越"到 HDRI 图像记载的那个时空。穹顶灯 Dome Light 就像是场景上方的巨大穹顶，内建有半球模型，如图 12-3 所示，在穹顶内壁贴上 HDRI 全景图，可以模拟天空光照和环境背景，场景渲染后细节丰富。

【例 12-1】创建穹顶灯使用 HDRI 贴图。

创建穹顶灯使用 HDRI 贴图的步骤如下：

①打开 Chaos Group 公司官方提供的练习场景 Exterior _ Domelight. skp，切换到东南等轴视图，缩放范围将场景充满视口，将场景缩小到视口中央，外围预留出一定空白区域。

②创建一个穹顶灯将三维场景罩在中央，如图 12-4 所示①②③操作，结果如图 12-5 所示。

③如图 12-5 所示①②③操作，弹出如图 12-6 所示对话框。

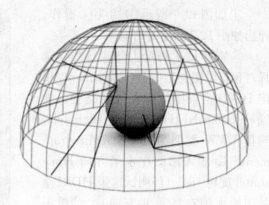

图 12-3　穹顶灯 Dome Light 半球模型

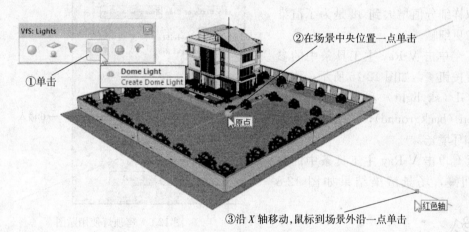

图 12-4　创建穹顶灯 Dome Light

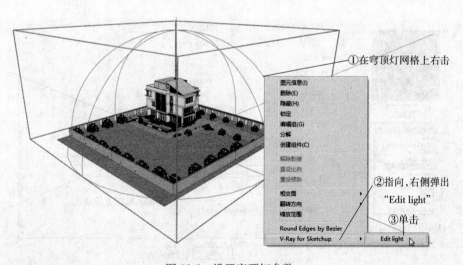

图 12-5　设置穹顶灯参数

④如图12-6 所示①②③④操作，弹出如图 12-7 所示对话框。

⑤如图 12-7 所示①②③操作，选择穹顶灯贴图类型位图 TexBitmap，指定 HDRI 全景图像所在存储路径，如 OpenfootageNEtHDRCow _ high. hdr，选择 UVW 类型为 UVWGenEnvironment，⌨️输入贴图在水平方向 Horizontal 旋转 180°（经测试这张 HDRI 全景图的太阳在场景北方向），🖱️单击"OK"按钮返回。

⑥如图 12-6 所示⑤⑥操作，操作⑥将取样细分值增大到 32 是为了渲染的图像更细腻。

⑦🖱️单击 V-Ray 主工具条中的参数设置按钮🎨，如图 12-16 所示，取消勾选 GI（skylight）和 Reflection/refraction（background），关闭默认的太阳光和环境光。

⑧🖱️单击 V-Ray 主工具条中的渲染按钮⊗，场景渲染结果如图 12-8 所示。

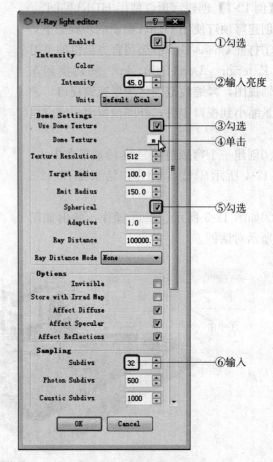

图 12-6 穹顶灯使用贴图

穹顶灯与 HDRI 贴图并非必须使用，渲染室外场景使用 V-Ray 默认的阳光系统是快速而有效的选择，使用 HDRI 贴图

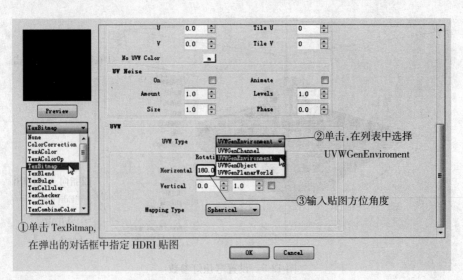

图 12-7 使用 HDRI 图、旋转太阳方位

图 12-8　HDRI 贴图照明细节更丰富

照明是为了追求细节丰富、效果逼真。

12.2　V-Ray 代理

SketchUp 的一个场景可容纳的总面数是有限的，一棵精细的三维树木由数千个面组成，组件库中的三维树木、窗户等几何体在场景中大量重复使用时，场景的总面数激增而导致 SketchUp 反应迟缓甚至崩溃。在 V-Ray 中可以为复杂对象创建一个简化的"占位物"，即代理物体 VRayProxy，这样复杂的原始对象不在场景中占用资源，而仅在渲染时从外部导入，这使得 V-Ray 可以渲染那些 SketchUp 无法掌控的具有无数个面的场景。原始的复杂对象以 .vrmesh 文件存储在磁盘中，SketchUp、3ds Max、Maya、Softimage 软件中的 V-Ray 插件及独立版本的 V-Ray 可以共享 .vrmesh 文件。

在 3ds Max 中将模型简化并塌陷为可编辑网格，只使用一个多维子对象材质，将模型输出为代理 .vrmesh 文件，V-Ray for SketchUp 可以直接作为代理使用。

【例 12-2】V-Ray 代理的使用。

V-Ray 代理的使用操作步骤如下：

①新建一个 SketchUp 场景，打开组件库"景观">"植物材质">"3D 树"，如图 12-9 所示，插入一棵三维树木，如白杨，结果如图 12-11 左图所示。

②单击 V-Ray 主工具条中的输出代理 Export V-Ray Proxy 按钮，在弹出的对话框中指定三维树木网格对象存储的磁盘路径，输入 .vrmesh 文件名称，单击"OK"按钮，弹出如图 12-10 所示对话框。

图 12-9　组件库"景观">"植物材质">"3D 树"

③如图 12-10 所示,设置网格对象输出参数,单击"OK"按钮,结果如图 12-11 右图所示。场景中的三维树木自动转换为简化的代理对象,看上去是一团散落在空中的树叶。

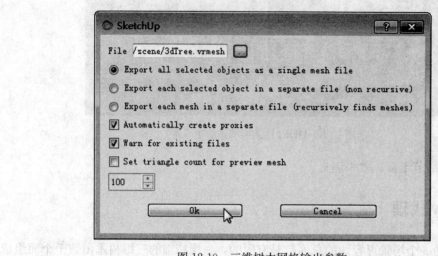

图 12-10 三维树木网格输出参数

④将代理对象以株行距 8m 复制成 9×9 的树木方阵,如果是原始三维树木,这 81 棵树将具有 100 多万个面,结果如图 12-12 所示。

⑤单击 V-Ray 主工具条中的平面 V-Ray Plane 按钮,在场景中绘制一个任意尺寸的矩形,如图 12-12 所示。这个矩形是 V-Ray 平面,用于渲染测试时模拟地面,无论绘制在哪里、尺寸多大,渲染后都将与地球表面一样无边无际。

⑥单击 V-Ray 主工具条中的渲染按钮,场景渲染结果如图 12-13 所示。

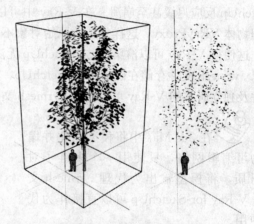

图 12-11 三维树木自动转换为简化的代理对象

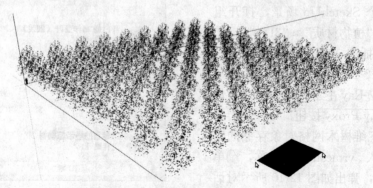

图 12-12 复制成树木方阵,绘制 V-Ray 平面

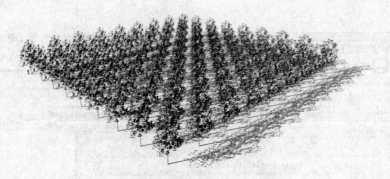

图 12-13　三维树木方阵 100 多万个面能够正常渲染

12.3　渲染参数设置

V-Ray 的渲染参数多得足以让初学者望而却步，为了方便一般用户的使用，官方预定义了最常用的几种参数组合。对于大多数用户来说，渲染的工作流程是：选择一种官方预定义参数组合⇨检查确认、更改必要的渲染参数⇨开始渲染⇨保存渲染结果，高手称之为"傻瓜渲"。

12.3.1　预定义渲染参数

👆单击 V-Ray 主工具条中的参数编辑器按钮 ⚙️，打开参数编辑器，如图 12-14 所示。👆单击 ⚙️ 载入默认渲染参数组合，将所有渲染参数恢复到初始值，这种组合是渲染测试阶段最为常用的。最终产品渲染时，如图 12-14 所示操作②③④⑤⑥，在官方预定义参数组合中选择室外 Exterior，高质量 04 _ High _ Quality 或很高质量 05 _ VeryHigh _ Quality，选择的质量越高渲染的图像越细腻，渲染时间以几何倍率增长。

12.3.2　设置渲染参数

（1）设置快门速度（Shutter speed）　快门速度控制着曝光时间的长短，默认值是 1/200，如图 12-15 所示操作，可以调整场景的总体亮度。

（2）检查太阳光　V-Ray 的太阳光默认是开启的，在使用穹顶灯（Dome Light）作光源时需要手工关闭，如图 12-16 所示，取消勾选 GI（skylight）、Reflection/refraction（backgroud）。

（3）输出材质通道　V-Ray 渲染默认输出彩色通道（RGB color）和遮罩通道（Alpha），可以要求输出材质通道（Material ID）等分类通道图，便于后期处理时调整使用同一种材质物体表面的亮度。输出材质通道需要在材质定义时为每种材质指定不同的识别颜色（ID color），如图 11-8 所示操作⑧，在调色板中拾取一种颜色。如图 12-17 所示操作，指定输出材质通道图。

（4）设置渲染输出大小　假设最终要打印一张 3 号效果图（420mm×297mm），渲染输出大小的计算方法如下，输出大小单位是像素（Pixel），图纸尺寸单位是毫米（mm），25.4mm≈1 英寸，分辨率是 DPI（dot per inche），即每英寸长度上的点数，一般为 150～300。

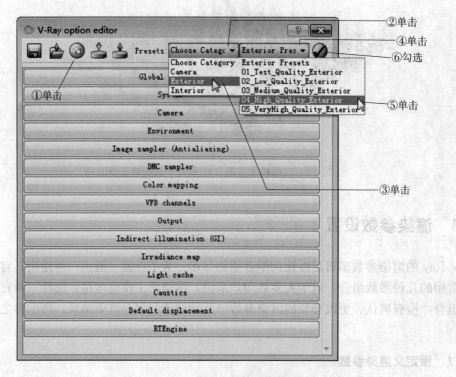

图 12-14　渲染参数编辑器

图 12-15　相机参数设置

将渲染出大小=打印图像尺寸下的最高饱和度分辨率。

图像宽度=图纸宽度 150 毫米×4 为渲染 600＝1 050 像素。

图像□□□□□□□□□□□□□□□□□□□□□□□□□□□□□□□□□□□□

如图 12-16 所示，其中□□□□□□□□□□□□□□□□□□□□□□□□□□□□□□
Get view as background 选项□□□□□□□□□□□□□□□□□□□□□□□□□□□□□□

（b）设置背景 Color□□□□□□□□□□□□□□□□□□□□□□□□□□□□□□□□□□□□□
框，□□
不需要的□□

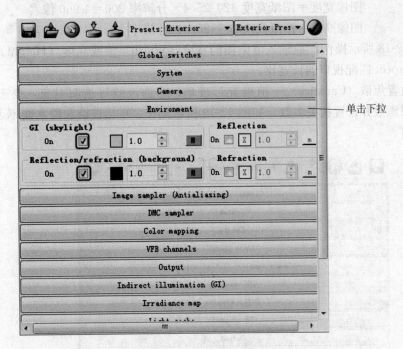

图 12-16　环境参数设置

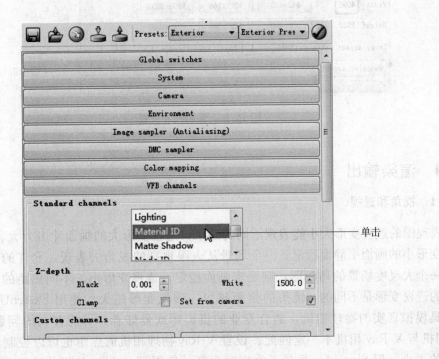

图 12-17　通道输出设置

$$渲染输出大小＝打印的图纸尺寸×渲染图像的分辨率$$
$$图像宽度＝图纸宽度\ 420/25.4×分辨率\ 300＝4\ 960\ 像素$$
$$图像高度＝图纸高度\ 297/25.4×分辨率\ 300＝3\ 522\ 像素$$

如图 12-18 所示操作，💾输入渲染图的宽度（Width）值或高度（Height）值，🖱单击 Get view aspect 匹配视口的长宽比。

（5）设置焦散（Caustics）　　渲染异形玻璃、水面波纹等透明对象，要表现焦散效果时，可启用焦散并设置相关参数，如图 12-19 所示操作，平板玻璃和静水面不表现焦散，则不需要开启。

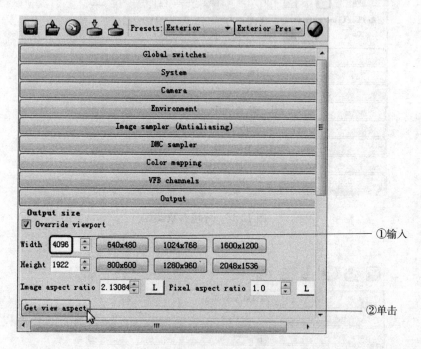

图 12-18　输出尺寸设置

12.4　渲染输出

12.4.1　视角和透视

表现图的透视变形大小能表现不同的效果，透视变形大的画面冲击力大、临场感强，透视变形小的画面平静而稳定。一个场景从人眼视高的视角去表现，允许的透视变形较大；一个大尺度场景的鸟瞰图，则要求画面稳定，透视变形小。不同焦距的照相机镜头产生的透视变形是不同的，镜头的焦距越短，透视变形越大。使用 SketchUp 的高级镜头工具模拟真实的物理相机，适合专业的摄影师或爱好者，可能存在的问题是 Sketch-Up 相机与 V-Ray 相机不一定匹配。设置 V-Ray 物理相机的焦距也可以控制渲染图透视变形的大小，但 SketchUp 场景不会实时更新。使用 SketchUp 的缩放工具直接缩放镜头视野，是一种快速简单而有效的方法，并且视图会实时更新，达到"所见即所得"的效果。

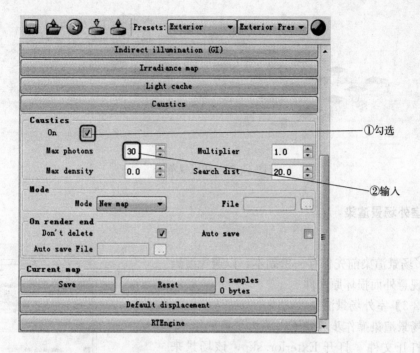

① 勾选

② 输入

图 12-19　焦散参数设置

　　🖱单击缩放工具🔍➪在场景空白处🖱单击或🖱推拉一下（有时需要反复操作几下，才允许输入视角数值）➪⌨输入视角数值，如 18、28、35 等，⌨回车。不同视角大小的透视变形如图 12-20、图 12-21、图 12-22 所示。

📍视角默认值 35°

图 12-20　SketchUp 默认相机视角 35°

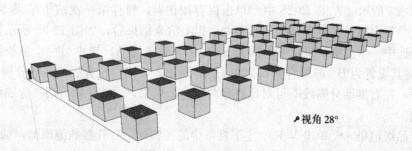

📍视角 28°

图 12-21　相机视角 28°

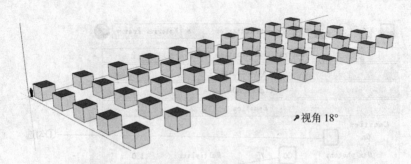

视角 18°

图 12-22　相机视角 18°

12.4.2　室外场景渲染

　　场景渲染前先保存一份副本，以避免渲染过程中出现意外而损坏原文件。

【例 12-3】室外场景渲染。

室外场景渲染操作步骤如下：

（1）打开文件　打开 Exterior. skp，该场景来源于 V-Ray 官方提供的穹顶灯教学文件 Modern Villa DomeLight。

（2）调整视图范围　调整视角大小，控制适宜的透视变形，用缩放 🔍、平移 ✋ 等工具将要渲染的场景尽量充满屏幕视口。

（3）开启场景阴影　如图 12-23 所示，开启场

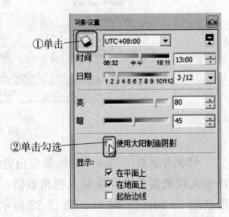

① 单击
② 单击勾选

图 12-23　开启设置 SketchUp 阴影

景阴影，设置日期和时间。如果不能正常生成阴影，可 🖰单击勾选"使用太阳制造阴影"。

（4）渲染小样检查　🖰单击 V-Ray 主工具条中的按钮 ◉，打开参数编辑器，如图 12-14 所示，🖰单击 ◉ 将所有渲染参数恢复到初始值。🖰单击 V-Ray 主工具条中的渲染按钮 ◉，渲染小样，检查渲染图是否符合预期，并返回修改。

（5）对比两次渲染的结果　渲染小样检查⇨修改参数⇨再次渲染小样⇨对比两次渲染图⇨修改参数……这个过程可能要反复多次，对比观察两次渲染图的方法如下：

渲染第一次⇨🖰单击帧缓存窗口底部的按钮"H"，如图 12-24 所示，弹出渲染历史窗口，如图 12-25 所示⇨在图 12-25 中🖰单击保存按钮 🖫，暂存第一次渲染结果⇨修改参数，渲染第二次⇨暂存第二次渲染结果，暂存两个以上渲染结果后，如图 12-25 所示操作，在列表中🖰单击选中一个渲染结果，🖰单击 🅰 SetA 将其设置为 A，选中另一个渲染结果，🖰单击 🅱 SetB 将其设置为 B⇨帧缓存窗口如图 12-24 所示，中间白色分隔线两侧分别是 A | B 两个渲染结果，左右推动分隔线 🖱可对比观察两个渲染结果，🖰按住 🖱可切换分隔线是垂直还是水平方向。

（6）产品级渲染　🖰单击 V-Ray 主工具条中的按钮 ◉，打开参数编辑器，如图 12-14 所示。在官方预定义参数组合中选择室外 Exterior，高质量 04 _ High _ Quality 或很高质量 05 _ VeryHigh _ Quality，更改渲染尺寸等参数值。

图 12-24　对比两次渲染结果

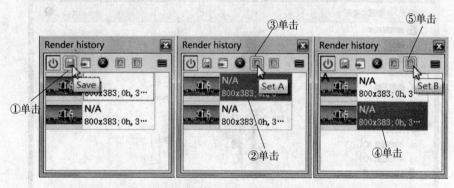

图 12-25　渲染历史

单击 V-Ray 主工具条中的渲染按钮，在弹出的帧缓存窗口中可以观察到渲染图从模糊逐渐清晰的过程，在渲染区域有白色的方框跳跃，方框的个数就是计算机 CPU 的内核数目，如图 12-26 所示。

（7）保存渲染图像　渲染完成后，在帧缓存窗口中如图 12-26 所示，单击保存图像按钮或保存所有图像通道按钮，弹出图像保存窗口。如图 12-27 所示操作，选择保存类型为 png 格式图像，输入图像文件名，将渲染图保存为 ExteriorSample.png。

（8）Photoshop 后期处理　在 Photoshop 中打开保存的渲染图像文件 ExteriorSample.png，背景是透明的，如图 12-28 所示。

渲染可能持续几分钟到几小时，时间长短与计算机 CPU 的性能密切相关，与场景中模型的复杂程度、材质特性、渲染参数设置等因素都有关系。大量使用组件中的窗子和三维树木，使用反射材质、折射材质、开启焦散等都会使渲染时间延长。

单击保存

图 12-26 帧缓存窗口中渲染图逐渐清晰

文件名(N): ExteriorSample —— ②输入文件名

保存类型(T): Portable Network Graphics (*.png)

①单击，选择 png

图 12-27 渲染图保存为 png 格式图像文件

12.5 打包场景

材质定义中使用的纹理贴图并不保存在 SketchUp 的场景文件中，场景文件中只保存了纹理贴图的文件名称和存储路径，V-Ray 提供了打包场景（Pack Scene）工具，将场景中使用的纹理贴图文件与场景文件一起存储为一个 zip 压缩包，用 WinRAR、WinZIP 或 Windows 自带的解压缩程序可将其释放。设计师之间交流场景文件，或是将已完成项目的场景作为档案保存下来，打包场景可以保存场景中使用的纹理贴图，利于再现场景原貌。

图 12-28　背景透明的 png 渲染图像文件

打包场景的操作方法如下：

（1）打包　🖱️单击"插件" > "V-Ray" > "Pack Scene"，如图 10-2 所示，在弹出的对话框中指定 zip 包的存储路径，🖱️单击 保存(S)，zip 包的主文件名默认与场景文件同名，如当前场景文件名为 Exterior. skp，打包后的文件名称为 Exterior. zip。

（2）用 Windows 自备程序提取　如果 Windows 中没有安装 WinRAR、WinZIP 这类压缩软件，文件 Exterior. zip 的图标显示为 📁，Windows7 将其视为一个压缩的文件夹，🖱️双击进入，如图 12-29 所示操作进入提取向导。

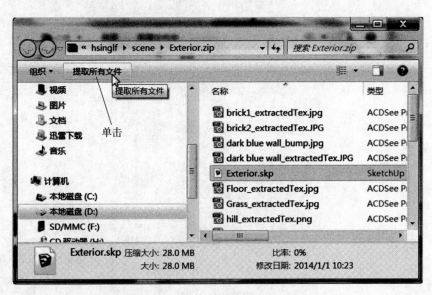

图 12-29　场景 zip 包

（3）用 WinRAR、WinZIP 解压缩　如果 Windows 中安装了 WinRAR、WinZIP 这类压缩软件，Exterior. zip 的图标显示为 📦，🖱️单击文件 ➪ 在文件名上 🖱️右击 ➪ 解压到 Exterior，将其解压到当前路径的 Exterior 文件夹中。

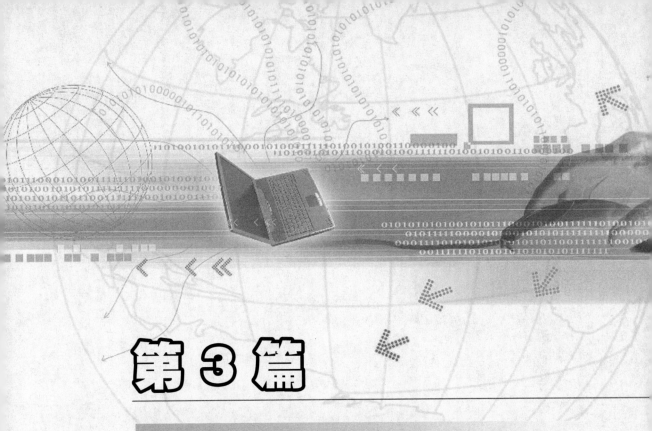

第 3 篇

Photoshop

第 13 章　Photoshop CS6 基础

13.1　Photoshop CS6 图像处理基础

13.1.1　Photoshop CS6 工作环境和基本操作

13.1.1.1　Photoshop CS6 工作环境

（1）启动 Photoshop CS6 程序　双击桌面 Photoshop CS6 快捷键，首先出现的是 Photoshop CS6 的引导画面，如图 13-1、图 13-2 所示。待检测完后即可进入 Photoshop CS6 程序。

图 13-1　Photoshop CS6 快捷键　　　　　　图 13-2　Photoshop CS6 启动界面

（2）Photoshop CS6 程序窗口　　Photoshop CS6 程序窗口是编辑处理图形图像的操作平台，由菜单栏、选项栏、工具箱、控制面板、图像窗口（工作区）、最小化按钮、最大化按钮、关闭按钮等组成，如图 13-3 所示。

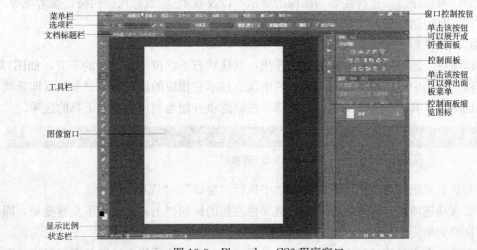

图 13-3　Photoshop CS6 程序窗口

（3）菜单栏　菜单栏是 Photoshop CS6 的重要组成部分，Photoshop CS6 将绝大多数功能命令分类后，分别放在 11 个菜单中。菜单栏提供了"文件""编辑""图像""图层""文字""选择""滤镜""3D""视图""窗口""帮助"11 个菜单与窗口控制按钮，只要单击其中某一菜单，即会弹出一个下拉菜单，如图 13-4 所示，如果命令为浅灰色，则表示该命令在目前的状态下不能执行。命令右边的字母组合键表示该命令的键盘快捷键，按下该快捷键即可执行该命令，使用键盘快捷键有助于提高操作的效率。有的命令后面带省略号，则表示有对话框出现。

菜单栏中包括 Photoshop 的绝大部分命令操作，绝大部分的功能都可以在菜单中执

图 13-4　菜单栏

行。一般情况下，一个菜单中的命令是固定不变的，但有些菜单可以根据当前环境的变化而添加或减少一些命令。

"文件"：包括一些有关图像文件的操作，如文件的新建、打开、保存、关闭、导入、导出、打印等。

"编辑"：进行图像文件的纠正、编辑与修改，以及设置预设选项等，其中包括撤销、还原、复制、剪切、粘贴、填充、描边、变换、定义图案、定义画笔等操作。

"图像"：对图像文件进行色彩、色调调整与模式更改，以及更改图像大小与画布大小等。

"图层"：对图层进行操作，如图层的创建、复制、调整、删除，以及为图层添加一些样式等。

"文字"：对文字进行字符格式化、段落格式化，以及对文字进行变形与改变取向等。

"选择"：对选区进行操作，如选择图像、取消选择、修改选区、存储与载入选区等操作。

"滤镜"：为图像添加一些特殊效果，如云彩、扭曲、水粉画效果、模糊等。

"3D"：对 3D 对象的大部分操作都可通过 3D 菜单栏来实现。

"视图"：对程序窗口进行控制与图像的显示，以及显示/隐藏标尺、网格、参考线等。

"窗口"：对控制面板与工具箱、选项栏等进行控制。

"帮助"：提供程序的帮助信息。

（4）选项栏　选项栏具有非常关键的作用，默认状态下它位于菜单栏的下方，如图13-5所示。当在工具箱中点选某工具时，选项栏中就会显示它相应的属性和控制参数（即选项），并且外观也随着工具的改变而变化，有了选项栏就能很方便地利用和设置工具的选项。

图 13-5　选项栏

如果要显示或隐藏选项栏，可以在菜单中执行"窗口">"选项"命令。

如果要移动选项栏，可以将指针指向选项栏左侧的标题栏上，然后按下左键拖动，即可把选项栏拖动到所需的位置。

如果要使一个工具或所有工具恢复默认设置，可以右击选项栏上的工具图标弹出一下拉

菜单，然后从中选取复位工具或者复位所有工具。

（5）工具箱 第一次启动应用程序时，工具箱出现在屏幕的左侧。当用指针指向它时呈一个按钮状态，单击该工具后呈更深色按钮时，即表示已经选中了该工具，此时可用它进行工作。

如果在工具右下方有小三角形图标，则表示其中还有其他工具，只要按下它不放或右击该工具即可弹出一个工具组，在其中列有几个工具，如图 13-6 所示，可从中选择所需的工具。如果在工具上稍停留片刻，则会出现工具提示，提示括号中的字母则表示该工具的快捷键（在键盘上按下"A"键，即可选择路径选择工具）。

工具箱中一些工具的选项显示在上下文相关的选项栏内。可以供用户使用文字、选择、绘画、绘图、取样、编辑、移动、注释和查看图像等工具。工具箱内的其他工具还可以更改前景色和背景色、使用不同的模式。

（6）控制面板 Photoshop CS6 提供了 24 个控制面板，分别以缩略图按钮的形式层叠在程序窗口的右边，如图 13-7 所示。可以通过拖动缩略图按钮看到面板的名称，如图 13-8 所示。要打开的控制面板上单击则打开该面板，如图 13-9 所示，再次单击则可以将其隐藏。

图 13-6 工具箱

图 13-7 控制面板的缩略图

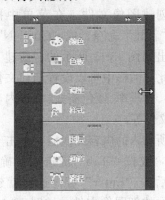

图 13-8 改变缩略图的大小

图 13-9 显示"颜色"控制面板

面板通常浮动在图像的上面而不会被图像所覆盖，而且常放在屏幕的右边，也可将它拖放到屏幕的任何位置，只需要将指针指向面板最上面的标题栏，并按下左键不放，将它拖到屏幕所需的位置后松开左键即可。

在 Photoshop 中控制面板以 3 组或 4 组或 5 组显示，可以将它们任意组合或分离，图 13-10 所示为 Photoshop 控制面板的基本组成元素。

在实际操作时，有时需要对控制面板进行重新组合，有时则需要将它们独立分开。

图 13-10 控制面板的基本组成元素

将常用的控制面板群组在一起可以节省屏幕的空间，从而留出更大的绘图、编辑空间，也可以更方便快捷地调出所需要的控制面板。群组后的控制面板只需单击控制面板标签，即可在控制面板之间切换，并且这些控制面板将被一起打开、关闭或最小化。

13.1.1.2 Photoshop CS6 基本操作

（1）创建图像文件　在菜单中执行"文件">"新建"命令，或"Ctrl＋N"快捷键，弹出如图 13-11 所示的"新建"对话框，在此对话框中可以设置新建文件的名称、大小、分辨率、颜色模式、背景内容和颜色配置文件等。

确认所输入的内容无误后，单击"确定"按钮，或按"Tab"键选中"确定"按钮，然后按"Enter"键，这样就建立了一个空白的新图像文件，如图 13-12 所示，可以在其中绘制所需的图像。

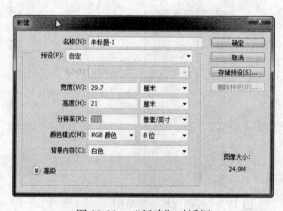

图 13-11 "新建"对话框

图像窗口是图像文件的显示区域，也是编辑或处理图像的区域，如图 13-13 所示。在图像的标题栏中显示文件的名称、格式、显示比例、色彩模式和图层状态。

如果要关闭图像窗口，可以在标题栏的右侧单击"关闭"按钮，将图像窗口关闭。如果要将图像文档拖出文档标题栏，可以先将指针指向文档标题栏上按下左键向外拖移，拖出一点点距离后松开左键，就可将图像窗口拖出文档标题栏。

（2）打开图像文件　如果需要对已经编辑过或编辑好的文件重新编辑，或者需要打开一些以前的绘图资料，或者需要打开一些图片进行处理等，都可以使用"打开"命令来打开文件。

在文件窗口中选择需要打开的文件，则该文件的文件名就会自动显示在"文件名"文本框中，单击"打开"按钮或双击该文件，即可在程序窗口中打开所选文件，如图 13-14、图 13-15 所示。

如果要同时打开多个文件，则需在"打开"对话框中按"Shift"键或"Ctrl"键不放，用鼠标点选所需打开的文件，再单击"打开"按钮；如果不需要打开任何文件，则单击"取消"按钮即可。

（3）保存图像文件　如果不想对原图像进行编辑与修改，或者对所做的编辑与修改满意，如图 13-16 所示，需要将其保存，这时就需要用"存储为"命令来将其另存为一个副本，原图像不被破坏，而且自动关闭。

在菜单中执行"文件">"存储为"命令或按快捷键"Ctrl＋Alt＋S"，弹出如图 13-17 所示的对话框，它的作用在于对保存过的文件另外保存为其他文件或其他格式。

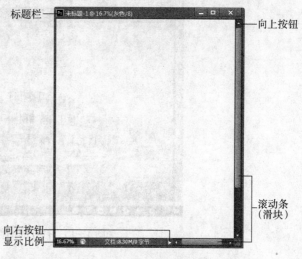

图 13-12　新建图像窗口

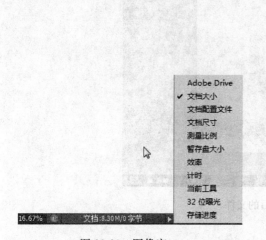

图 13-13　图像窗口

图 13-14　"打开"对话框

如果在存储时该文件名与前面保存过的文件重名，则会弹出一个警告对话框，如果确实要进行替换，单击"是"按钮，如果不替换原文件，则单击"否"按钮，然后对其进行另外命名或选择另一个保存位置。

"存储"命令经常用于存储对当前文件所做的更改，每一次存储都将替换前面的内容。在 Photoshop 中，以当前格式存储文件。

（4）关闭文件　如果该文件已经存储好了，则在图像窗口标题栏上单击 × 按钮，或在菜单中执行"文件">"关闭"命令，或按快捷键"Ctrl＋W"，即可将存储过的图像文件直接关闭。

如果该文件还没有存储过或是存储后又更改过，就会弹出一个如图 13-18 所示的警告对话框，问是否要在关闭之前对该文档进行存储，如果要存储，单击"是"按钮，如果不存储，则单击"否"按钮，如果不关闭该文档就单击"取消"按钮。

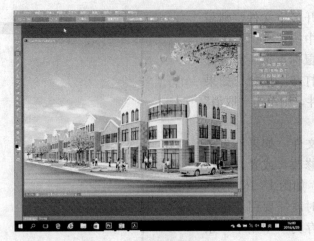

图 13-15　打开的图像文件

图 13-16　编辑后的文件

图 13-17　另保存文件

图 13-18　警告对话框

13.1.2 Photoshop CS6 基本概念和常用文件格式

13.1.2.1 Photoshop CS6 基本概念

（1）位图和矢量图 Photoshop 文件既可包含位图，又可包含矢量数据。了解两类图形之间的差异，对创建、编辑和导入图片很有帮助。

①位图：位图也叫像素图，它由像素或点的网格组成。与矢量图相比，位图的图像更容易模拟照片的真实效果，其工作方式就像是用画笔在画布上作画一样。如果将这类图形放大到一定的程度，就会发现它是由一个个小方格组成的，这些小方格被称为像素点。一个像素点是图像中最小的图像元素。一幅位图图像可以包括百万个像素，因此，位图的大小和质量取决于图像中像素点的多少。通常说来，一定面积上所含像素点越多，颜色之间的混合也越平滑，同时文件也越大，如图 13-19 所示。

图 13-19 位图图像放大前后效果的对比

②矢量图：矢量图也称为向量图，是由被称为矢量的数学对象定义的线条和曲线组成。矢量根据图像的几何特性描绘图像。

矢量图与分辨率无关，可以将它们缩放到任意尺寸，也可以按任意分辨率打印，而不会丢失细节或降低清晰度。因此，矢量图在标志设计、插图设计及工程绘图上具有很大的优势，如图 13-20 所示。

图 13-20 矢量图形放大前后效果的对比

（2）像素与分辨率

①像素：像素是针对位图图像而言的，如果把位图图像放大到数倍，会发现这些连续色调其实是由许多色彩相近的小方点所组成，这些小方点就是构成位图图像的最小单位"像素"。

②分辨率：分辨率是指图像中每单位长度上显示的像素数量，通堂用 pixel/inch（像素/英寸），简写为 ppi 或 dpi。处理位图图像时，分辨率既会影响最后输出的质量，也会影响文件的大小。

13.1.2.2 Photoshop CS6 常用文件格式

在 Photoshop CS6 中，能够支持 20 多种格式的图像文件，可以打开不同格式的图像进行编辑并存储，也可以根据需要将图像另存为其他的格式。

下面介绍几种常用的文件格式：

PSD：PSD 格式是 Adobe Photoshop 的文件格式，Photoshop 格式（PSD）是新建图像的默认文件格式，而且是唯一支持所有可用图像模式、参考线、Alpha 通道、专色通道和图层的格式。

PSD 格式在保存时会将文件压缩，以减少占用磁盘空间，但 PSD 格式所包含的图像数据信息较多（如图层、通道、剪贴路径、参考线等），因此比其他格式的文件要大得多。由于 PSD 格式的文件保留所有原图像数据信息，因而修改起来较为方便，这也是它的最大优点。在编辑的过程中最好使用 PSD 格式存储文件，但是大多数排版软件不支持 PSD 格式的文件，所以图像处理完以后，必须将其转换为其他占用空间小而且存储质量好的文件格式。

BMP：BMP 格式是图形文件的一种记录格式。BMP 是 DOS 和 Windows 兼容计算机上的标准 Windows 图像格式。BMP 格式支持 RGB 索引颜色、灰度和位图颜色模式，但不支持 Alpha 通道。可以为图像指定 Microsoft Windows 或 0S/2 格式以及位深度。对于使用 Windows 格式的 4 位和 8 位图像，还可以指定 RLE 压缩，这种压缩不会损失数据，是一种非常稳定的格式。BMP 格式不支持 CMYK 模式的图像。

JPEG：联合图片专家组（JPEG）格式是在 World Wide Web 及其他联机服务上常用的一种格式，用于显示超文本标记语言（HTML）文档中的照片和其他连续色调图像。JPEG 格式支持 CMYK、RGB 和灰度颜色模式，但不支持 Alpha 通道。JPEG 保留 RGB 图像中的所有颜色信息，但通过有选择地扔掉数据来压缩文件。

TIFF：TIFF 是标记图像文件格式（tag image file format），用于在应用程序和计算机平台之间交换文件。TIFF 是一种灵活的位图图像格式，受几乎所有的绘画、图像编辑和页面排版应用程序的支持。而且，几乎所有的桌面扫描仪都可以生成 TIFF 图像。

TIFF 格式支持具有 Alpha 通道的 CMYK、RGB、Lab、索引颜色和灰度图像以及无 Alpha 通道的位图模式图像。Photoshop 可以在 TIFF 文件中存储图层；但是，如果在其他应用程序中打开此文件，则只有拼合图像是可见的。Photoshop 也可以用 TIFF 格式存储注释、透明度和多分辨率金字塔数据。

TGA：TGA（Targa）格式专门用于使用 Truevision 视频卡的系统，并且通常受 MS-DOS色彩应用程序的支持。TGA 格式支持 16 位 RGB 图像（5 位×3 种颜色通道，加上一个未使用的位）、24 位 RGB 图像（8 位×3 种颜色通道）和 32 位 RGB 图像（8 位×3 种颜色通道，加上一个 8 位 Alpha 通道）。TGA 格式也支持无 Alpha 通道的索引颜色和灰度图像。当以这种格式存储 RGB 图像时，可以选取像素深度，并选择使用 RLE 编码来压缩图像。

13.2 Photoshop CS6 常用工具

13.2.1 选择工具

13.2.1.1 选框工具

Photoshop CS6 提供了 4 种选框工具，包括矩形选框工具、椭圆选框工具、单行和单列选框工具。在英文输入法状态下，按"M"键可选择矩形选框工具或椭圆选框工具，按"Shift+L"键可以在矩形选框工具与椭圆选框工具之间进行切换选择。

（1）矩形选框工具 使用矩形选框工具可以绘制矩形选区，如果按下"Shift"键再拖动矩形选框工具可以向已有选区添加选区，按"Alt"键可以从选区中减去选区。在工具箱中单击矩形选框工具，它的选项栏就会显示它的相关选项，如图 13-21 所示。

图 13-21　矩形选框选项栏

（2）椭圆选框工具 使用椭圆选框工具可以绘制椭圆选区。在工具箱中单击椭圆选择工具，选项栏如图 13-22 所示，其操作方法与矩形选框工具一样，在椭圆选框工具的选项栏中"消除锯齿"选项成为可用状态。

图 13-22　椭圆选框选项栏

（3）单行、单列选框工具 使用单行选框工具可以创建一个像素宽的水平选框。使用单列选框工具可以创建一个像素宽的垂直选框。

13.2.1.2 套索工具

Photoshop CS6 提供了 3 种套索工具：套索工具、多边形套索工具与磁性套索工具。在英文输入法状态下，按"L"键可选择套索工具、多边形套索工具或磁性套索工具，按"Shift+L"键可以在这组套索工具之间进行切换选择。

（1）套索工具 使用套索工具可以选取任一形状的选区。在工具箱中单击套索工具，选项栏就会显示它的相关选项，如图 13-23 所示。在使用套索工具时，可以通过任意拖动来绘制所需的选区。

图 13-23　套索工具选项栏

（2）多边形套索工具 使用多边形套索工具可以选取任一多边形选区。在工具箱中单击多边形套索工具，如图 13-24 所示，选项栏就会显示它的相关选项，它的选项栏与套索工具一样。它是通过单击来确定点，直至返回到起点，当指针呈时单击完成，从而选取所需的多边形选区，如图 13-25 所示。

图 13-24 多边形套索工具

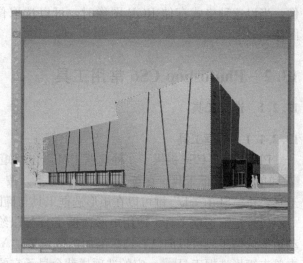

图 13-25 使用多边形套索工具选取的选区

（3）磁性套索工具 磁性套索工具具有识别边缘的作用。利用它可以从图像中选取所需的部分。

13.2.1.3 魔棒工具

利用魔棒工具可以选择颜色一致的区域，而不必跟踪其轮廓。通过在图像上单击来指定魔棒工具选区的颜色，在选项栏中设置它的容差值来确定它选取的色彩范围，如图 13-26、图 13-27 所示。

图 13-26 魔棒工具选项栏

13.2.1.4 使用菜单命令选择

可以使用"选择"菜单中的命令选择全部像素、取消选择、反选、色彩范围、修改选区、羽化选区、扩大选取、变换选区、载入选区、存储选区和重新选择等，如图 13-28 所示。

在菜单中执行"选择">"取消选择"命令或按"Ctrl＋D"键，可以取消当前图像窗口中的选择。

在菜单中执行"选择">"全部"命令或按"Ctrl＋A"键，即可将当前可用图层的内容全部选定。

13.2.2 移动工具

（1）移动工具选项说明 移动工具可以将选区或图层移动到同一图像的新位置或其他图像中，还可以使用移动工具在图像内对齐选区和图层并分布图层。

在工具箱中单击移动工具，选项栏中就会显示它的相关选项，如图 13-29 所示。

（2）移动工具使用技巧 使用移动工具时可以参考以下技巧，以提高操作速度：

①按住"Alt"键，可以边移动边复制选择的图像。

②按住"Alt＋Shift"组合键，可以沿水平方向、垂直方向或倾斜 45°方向移动并复制

图 13-27 利用魔棒工具得到的选区

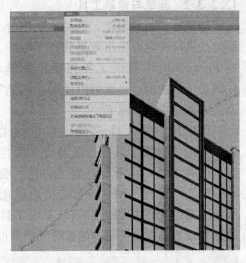

图 13-28 "选择"菜单命令

图 13-29 移动工具选项栏

选择的图像,如图 13-30 所示。

③敲击键盘中向上、向下、向左或向右的方向键,可以单击一次移动 1 个像素的速度精确地移动图像。在敲击方向键的同时按住 "Shift" 键,可以单击一次移动 10 个像素的速度移动图像,这一点与选区移动有些相似,只是移动的对象不同而已。

④每当一幅图像移动到另一幅图像中时,系统会自动将移入的图像放置在一个新的图层中。

13.2.3 绘画工具

13.2.3.1 设置颜色

要绘制一幅好的作品,首先色彩要使用得当。设置颜色成为绘画的首要任务。

利用工具箱中的色彩控制图标 ■ 可以设

图 13-30 使用移动加变换命令得到的效果

置前景色与背景色。单击 "设置前景色" 或 "设置背景色" 图标会弹出如图 13-31 所示的 "拾色器" 对话框,在其中可以设置所需的颜色。也可以用吸管工具在图像上或 "色板" 面板中直接吸取所需的颜色,如图 13-32 所示。或者在 "颜色" 面板中设置或吸取所需的颜色,如图 13-33 所示。单击切换前景色与背景色图标或按 "X" 键,可以转换前景色与背景色。

13.2.3.2 画笔与铅笔工具

画笔是绘画和编辑工具的重要部分。画笔的选择决定着描边效果的许多特性。在 Photoshop 中提供了各种预设画笔，以满足广泛的用途。也可以使用"画笔"面板来创建自定义画笔。

可以用画笔工具 ✍ 绘出彩色的柔边，勾选"喷枪工具"选项即可模拟传统的喷枪手法，将渐变色调（如彩色喷雾）应用于图像。用它绘出的描边比用画笔工具绘出的描边更发散。喷枪工具

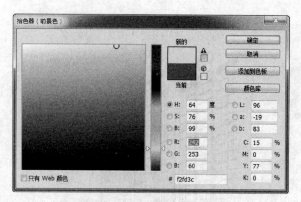

图 13-31　"拾色器"对话框

的压力设置可控制应用的油墨喷洒的速度，按下左键不动可加深颜色。

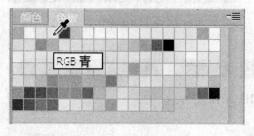

图 13-32　"色板"面板

图 13-33　"颜色"面板

铅笔工具 ✎ 的工作原理和生活中的铅笔绘画一样，绘出来的曲线是硬的、有棱角的。画笔工具与铅笔工具的选项栏如图 13-34、图 13-35 所示。

图 13-34　画笔工具选项栏

图 13-35　铅笔工具选项栏

单击"画笔"选项栏上的按钮 ，会弹出如图 13-36 所示的面板，其中的"大小"用来设置画笔笔尖的大小，"硬度"用来改变画笔笔尖的软硬度，也就是使画笔笔尖的边缘软化或硬化。设置好一个画笔笔尖后，可以单击按钮 ，并在弹出的"画笔名称"对话框中命名，如图 13-37 所示，单击"确定"按钮，可以将设置的画笔存储起来。同时可以设置所需的前景色和背景色，然后在画面中进行绘制，如图 13-38 所示。

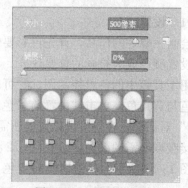

图 13-36　"画笔"面板

图 13-37　"画笔名称"对话框　　　　　　图 13-38　使用画笔工具绘制的顶棚反光效果

13.2.3.3　渐变工具

渐变工具可以创建多种颜色间的逐渐混合。可以从预设渐变填充中选取或创建自己的渐变。在工具箱中点选渐变工具 ，在选项栏中就会显示它的相关选项，在渐变拾色器中选择"前景色到透明渐变"，其他为默认值，如图 13-39 所示，如果图像窗口中有选区，就可以根据调整好的前景色和背景色的色彩给选区进行渐变填充，如图 13-40 所示。

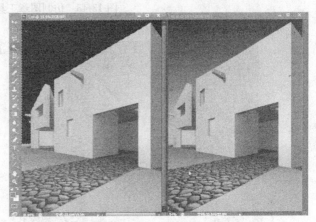

图 13-39　渐变拾色器　　　　　　　　图 13-40　利用渐变工具绘制的背景

13.2.3.4　油漆桶工具

油漆桶工具用于填充颜色值与被点击像素相似的相邻像素，但是它不能用于位图模式的图像。

在工具箱中选择油漆桶工具 ，选项栏中就会显示它的相关选项，如图 13-41 所示。

图 13-41　油漆桶工具选项栏

在"填充"下拉列表框中可以选择"前景"或"图案"来填充图像或选区。如果选择"图案"选项， 按钮则成为活动可用状态，单击下拉按钮 ，可在弹出的调板中选择所需

的图案来填充，如图 13-42 所示；如果选择
"前景"，则用前景色对图像或选区进行填充。

13.2.4 修饰工具

13.2.4.1 图章工具

（1）仿制图章工具 使用仿制图章工具 ，
可以从图像中取样，然后将样本应用到其他图
像或同一图像的其他部分。也可以将一个图层
的一部分仿制到另一个图层。仿制图章工具对
要复制对象或移去图像中的缺陷十分有用。

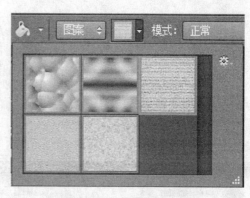

图 13-42   "图案"选项

在使用仿制图章工具时，需要在该区域上设
置要应用到另一个区域上的取样点。可以对仿制区域的大小进行多种控制，还可以使用选项栏
中的"不透明度"和"流量"设置来微调应用仿制区域的方式。值得注意的是，当从一个图像
取样并在另一个图像中应用仿制时，要求这两个图像的颜色模式相同。仿制图章工具选项栏如
图 13-43 所示，效果如图 13-44 所示。

图 13-43   仿制图章工具选项栏

图 13-44   使用仿制图章工具复制的背景

（2）图案图章工具 图案图章工具 可以用图案绘画。可以从图案库中选择图案或者
创建自己的图案。

13.2.4.2 聚焦工具

聚焦工具由模糊工具 和锐化工具 组成，模糊工具选项栏如图 13-45 所示，锐化工

具选项栏如图 13-46 所示。

图 13-45　模糊工具选项栏

图 13-46　锐化工具选项栏

（1）模糊工具　模糊工具可柔化图像中的硬边缘或区域，以减少细节。使用此工具在某个区域上方绘制的次数越多，该区域就越模糊。

（2）锐化工具　锐化工具可聚焦软边缘，提高清晰度或聚焦程度。使用此工具在某个区域上方绘制的次数越多，增强的锐化效果就越明显。

13.2.4.3　色调工具

色调工具由减淡工具和加深工具组成。减淡工具和加深工具的选项栏完全一样，如图 13-47 所示。减淡工具和加深工具采用了用于调节照片特定区域的曝光度的传统摄影技术，可使图像区域变亮或变暗。减淡工具可使图像变亮，加深工具可使图像变暗，如图 13-48 所示。

图 13-47　减淡工具选项栏

原图像效果

使用减淡工具修改后的阴影效果

使用加深工具修改后的路面效果

图 13-48　减淡工具和加深工具的使用比较

13.2.4.4　擦除图像

在 Photoshop 中提供了 3 种擦除图像的工具，分别是橡皮擦工具、背景橡皮擦工具和魔术橡皮擦工具。

橡皮擦工具和魔术橡皮擦工具可将图像区域抹成透明或背景色。背景橡皮擦工具可将图层抹成透明。

（1）橡皮擦工具　使用橡皮擦工具在背景层或在透明被锁定的图层中工作时，相当于用背景色进行绘画，如果在图层上进行操作时，则擦除过的地方为透明或半透明。还可以使用橡皮擦工具使受影响的区域返回到"历史记录"面板中选中的状态。

（2）背景橡皮擦工具　背景橡皮擦工具采集画笔中心（也称为热点）的色样，并删除在画笔内的任何位置出现的该颜色。也就是说，使用它可以进行选择性的擦除。它还可在任何前景对象的边缘采集颜色。

（3）魔术橡皮擦工具　使用魔术橡皮擦工具在图层中需要擦除（或更改）的颜色范围内单击，它会自动擦除（或更改）所有相似的像素。如果是在背景中或是在锁定了透明的图层中工作，像素会更改为背景色，否则像素会抹为透明。可以通过勾选与不勾选"连续"复选框，决定在当前图层上是只抹除邻近的像素，还是要抹除所有相似的像素。

13.2.5 其他辅助工具

13.2.5.1 缩放工具

利用缩放工具，可将图像缩小或放大，以便查看或修改。将缩放工具移入图像后指针变为放大镜，中心有一个"＋"号，如果在图层上单击一下，则图像就会放大一级，单击两下就会放大两级。如果按下"Alt"键的同时指针为放大镜，中心为一个"－"号，在图像上单击两次则可将图像缩小两级。在工具箱中单击缩放工具，选项栏就会显示如图 13-49 所示的选项。

图 13-49　缩放工具选项栏

13.2.5.2 抓手工具

当图像窗口不能全部显示整幅图像时，可以利用抓手工具在图像窗口内上下、左右移动图像，观察图像的目标位置，如图 13-50 所示。在图像上右击，可弹出快捷菜单，可以按照需要在其中选择所需的方式来调整图像的大小。如选择"按屏幕大小缩放"命令，则当前的图像在屏幕中以最合适的大小显示，如图 13-51 所示。也可用于局部修改，只要把整个图像放大很多倍，然后利用它上下、左右移动图像到所需修改的位置。

图 13-50　利用抓手工具观察图像

图 13-51　选择"按屏幕大小缩放"命令

13.2.5.3 裁剪工具

裁剪是移去部分图像以形成突出或加强构图效果的过程，可以使用裁剪工具裁剪图像。

在工具箱中选择裁剪工具 ▣ ，选项栏中就会显示它的相关选项，如图 13-52 所示，效果如图 13-53 所示。

图 13-52　裁剪工具选项栏

图 13-53　使用裁剪工具得到的构图效果

13.3　图层编辑和应用

13.3.1　图层和图层面板

所谓图层，通过在纸上的图像与计算机上画的图像作一比较，就可以更深入地了解图层的概念。通常纸上的图像是一张一个图，而计算机上的图像则可以在多张如透明的塑料薄膜上画上图像的一部分，最后将多张塑料薄膜叠加在一起，就可浏览到最终的效果，每一张塑料膜被称为所谓的图层，如图 13-54 所示。

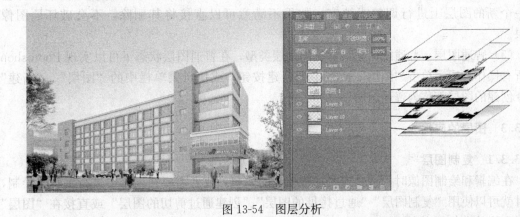

图 13-54　图层分析

"图层"面板是处理图像必不可少的工具，几乎所有的图层操作都离不开它们。可以通过建立图层、调整图层、处理图层、分布与排列图层、复制图层等工作编辑和处理图像中的各个元素，从而达到富有层次、整个关联的图像效果。同一个图像文件中的所有图层都具有相同的像素和色彩模式，图层面板如图 13-55 所示。

13.3.2 图层类型及特点

从图层面板中可以看出图层类型主要有以下几种：背景图层、文字图层、形状图层、新调整图层和新填充图层、普通图层。

（1）背景图层 背景图层位于图层面板的最下方，这类图层不可以设置合成模式和不透明值，不可以移动，不可以设置图层样式和图层蒙版等。一幅图像中可以没有背景图层，若有只能有一个背景图层。

（2）文字图层 使用文字工具在图像中输入文字后，"图层"

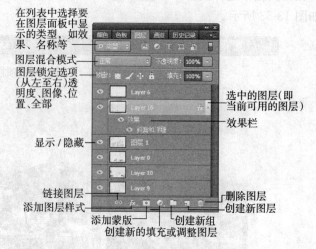

图 13-55 "图层"面板

面板中会自动生成文字图层。文字图层最大的特点就是图层缩略图前有一个"T"字标志。在文字图层状态下，可以通过文字工具属性栏对文字进行再编辑，但 Photoshop CS6 中的某些命令，如"描边"等不能执行，若要执行这些操作就需要将文字图层转换成普通图层。

（3）形状图层 形状图层主要是由钢笔工具和矢量绘图工具在其工具属性栏中按下 ▢ 按钮时创建的，其特点与文字图层相类似。如果需要对其进行描边操作则需转换为普通图层。形状图层实际上是图层蒙版的一种，它是向图层中填充适当的颜色并创建一个图形区域，只有图层蒙版区域才会显示出填充到图层中的颜色。

（4）新调整图层和新填充图层 新调整图层用来调整图像整体的色彩，新填充图层则使用单一颜色、渐变色或图案填充图层。无论是新调整图层还是新填充图层，都会在一个新的图层上进行调整或填充。如果不满意可以直接将其删除，不会破坏原图像效果。

（5）普通图层 普通图层是最常见的图层类型，在普通图层状态下可以实现 Photoshop 的所有操作。通过单击"图层"面板中的新建按钮，或执行菜单栏中的"图层">"新建"命令创建的图层都称为普通图层。

13.3.3 图层的应用

13.3.3.1 复制图层

在编辑和绘制图像时，有时需要一些相同的内容，或者需要在副本中进行编辑与绘制，这时就可以使用"复制图层""通过拷贝的图层""创建通过剪切的图层"或直接在"图层"面板中拖动来复制副本，如图 13-56 所示。

13.3.3.2 改变图层顺序

当图像含有多个图层时，Photoshop 是按一定的先后顺序来排列图层的，即最后创建的图层将位于所有图层的上面。可以通过"排列"命令来改变图层的堆放次序，指定具体的一个图层到底应堆放到哪个位置，还可以通过手动的方式改变图层顺序。

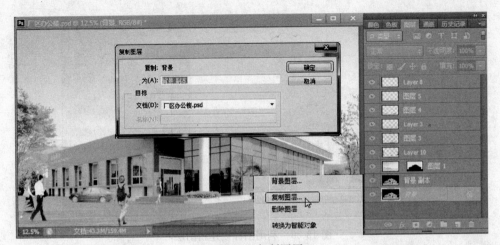

图 13-56　复制图层

图 13-57　图层排列命令

在菜单中执行"图层">"排列"命令，弹出如图 13-57 所示的子菜单，可以在其中选择所需的命令排列图层顺序。

一般在多图层的图像中操作时，都习惯手动操作，也就是直接在"图层"面板中拖动图层到指定位置，如图 13-58 所示。

13.3.3.3　创建图层

可以创建空图层，然后向其中添加内容，也可以利用现有的内容来创建新图层。创建新图层时，它在"图层"面板中显示在所选图层的上面或所选图层组内。

创建一个图层有多种方法，可利用菜单命令，也可利用"图层"面板底部的创建新图层按钮，或者利用"图层"面板的弹出式菜单命令，如图 13-59 所示。

图 13-58　手动拖动图层

图 13-59　利用图标创建新图层

13.3.3.4　添加图层样式

可以为图层添加各种各样的效果，如投影、内阴影、内发光、外发光、斜面和浮雕、光泽、颜色叠加、渐变叠加、图案叠加和描边等效果。

保持"某市城中村改造规划设计方案"文字图层为当前图层，在菜单中执行"图层">"图层样式">"斜面和浮雕"命令，弹出"图层样式"对话框，在其中设定"样式"为"外斜面"，其他不变，如图 13-60 所示，效果如图 13-61 所示。

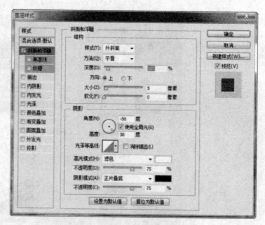

图 13-60　图层样式对话框

13.3.3.5　显示与隐藏图层

在处理图像时，常常需要显示或隐藏图层来查看效果。特别是在制作景观绿化时，一个图层需要显示，另一个图层需要隐藏，或者同时隐藏多个图层，然后逐一显示每个图层，同

图 13-61　字体设置后的效果

时在"图层"面板中添加相应的新层，以制作出景观空间效果。

在"图层"面板中单击"人物 1"图层前面的眼睛图标，使它不可见，即可隐藏该图层，再次单击便会重新显示，如图 13-62、图 13-63 所示。

图 13-62　隐藏图层

图 13-63　显示图层

13.4　图像色彩的调整

13.4.1　图像色彩调整的依据

（1）测试图像色彩质量　对于没有经过专门色彩训练的使用者来说，打开一幅图像时往往不能正确地判断该图像出现的色彩问题，这些问题主要包括色彩的明暗、色相及饱和度等。在 Photoshop 中有一个专门测试图像色彩质量的控制面板，可以使用这个控制面板测试图像色彩质量。

①按"Ctrl＋O"组合键，打开随书光盘配套素材＞第 3 篇　Photoshop＞第 13 章中的"建筑外观.jpg"，如图 13-64 所示。

图 13-64　打开原始图像

②执行菜单栏中的"窗口">"直方图"命令，显示"直方图"控制面板，如图 13-65 所示。

③根据"直方图"峰值的显示效果，可以判断当前打开的这幅图像峰值处于中间位置偏右，中间色调的颜色像素比较多，缺乏明暗对比。可以运用专门调整图像明暗的命令对其进行调整。

④执行菜单栏中的"图像">"调整">"亮度/对比度"命令，在弹出的对话框中设置各项参数，如图 13-66 所示。

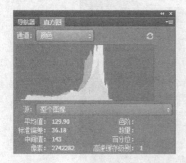

图 13-65　"直方图"控制面板

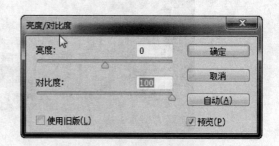

图 13-66　调整图像的亮度/对比度

⑤调整后的图像有了强烈的明暗对比关系，效果如图 13-67 所示。

（2）图像色彩调整注意事项

①通常情况下，在进行比较正式的色彩调整工作之前，先校正显示器的色彩。如果没有校正，图像在有些显示器上看起来会和印刷品相差很多。

②色彩调整命令只对当前图层或当前图层的选区中的图像起作用，其他图层中的图像不受影响。

③在"色彩调整"对话框中，按下键盘上的"Alt"键，对话框中的"取消"按钮会变为"重置"按钮，单击后可以将对话框中的参数还原为默认的参数设置。

④勾选对话框中的"预览"复选框，通过对话框可以随时观看调整的结果。

⑤在对图像进行色彩调整时，应避免反复进行色彩模式的转换，因为不同的颜色有不同的色域，当从一种模式转换为另一种模式时，会丢失许多色彩信息。

图 13-67　图像调整后的效果

13.4.2　图像明暗的调整

Photoshop 中提供的调整图像明暗的命令主要包括"色阶""曲线""亮度/对比度"和"曝光度"等。

13.4.2.1　色阶

"色阶"调整命令允许通过调整图像的暗调、中间调和高光等强度级别，校正图像的色调范围和色彩平衡。"色阶"直方图用作调整图像基本色调的直观参考。

首先按"Ctrl＋O"组合键，打开随书光盘配套素材 > 第 3 篇　Photoshop > 第 13 章中的"建筑外观-1.jpg"，如图 13-68 所示。在菜单中执行"图像" > "调整" > "色阶"命令，弹出如图 13-69 所示的对话框。

图 13-68　图像调整前的效果

根据前面的图像色彩测试方法，得知这幅图像亮度对比度不高，显得有些暗淡，可通过

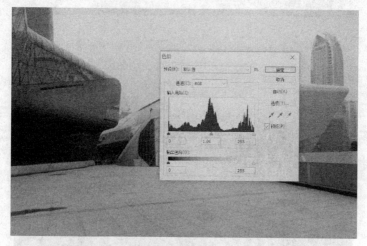

图 13-69 打开"色阶"命令对话框

各种不同的途径来校正这幅图像的明暗效果。

①执行菜单栏中的"图像">"调整">"色阶"命令或按"Ctrl+L"组合键，在弹出的"色阶"对话框中设置各项参数，如图 13-70 所示。

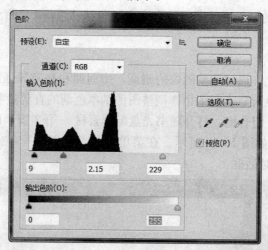

图 13-70 设置"色阶"命令对话框的各项参数

②单击对话框中的 确定 按钮，调整后的图像明显变得鲜亮起来，效果如图 13-71所示。

13.4.2.2 曲线

"曲线"命令与"色阶"命令类似，都可以调整图像的整个色调范围，是应用非常广泛的色调调整命令。不同的是"曲线"命令不仅仅使用三个变量（高光、暗调、中间调）进行调整，而且还可以调整 0～255 范围内的任意点，同时保持 15 个其他值不变。也可以使用"曲线"命令对图像中的个别颜色通道进行精确的调整。在实际制图中用得比较多。

①打开随书光盘配套素材 > 第 3 篇 Photoshop > 第 13 章中的"产业园区景观.jpg"，如图 13-72 所示。在菜单中执行"图像">"调整">"曲线"命令，弹出如图 13-73 所示的对话框。

图 13-71　图像调整后的效果

图 13-72　打开原始文件

图 13-73　打开"曲线"命令对话框

②按"Ctrl+M"键执行"曲线"命令，选择 RGB 复合通道，在网格中的直线上单击添加一个点并向上拖到适当的位置，即可将图像调亮，如图 13-74 所示；当曲线向右下角弯曲时，图像变暗，如图 13-75 所示。

图 13-74　当曲线向左上角弯曲时，图像变亮

图 13-75　当曲线向右下角弯曲时，图像变暗

13.4.2.3　亮度/对比度

执行"亮度/对比度"命令可以对图像的色调范围进行简单的调整。它与"曲线"和"色阶"命令不同，它对图像中的每个像素进行同样的调整。"亮度/对比度"命令对单个通道不起作用，建议不要用于高端输出，因为它会引起图像中细节的丢失。

在菜单中执行"图像">"调整">"亮度/对比度"命令，弹出如图 13-76 所示的对话框，为了增加图像的亮度和对比度，将亮度和对比度滑块分别向右拖动到目标位置，如图 13-77、图 13-78 所示。

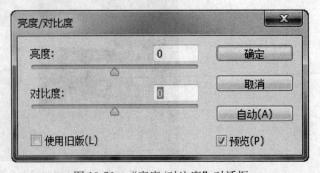

图 13-76　"亮度/对比度"对话框

图 13-77　原始图像

图 13-78　图像增加亮度和对比度后的效果

13.4.2.4　曝光度

　　曝光度是通过在线性颜色空间（灰度系数 1.0）而不是图像的当前颜色空间执行计算而得出的。使用"曝光度"对话框可以调整 HDR 图像的色调，它也可用于 8 位和 16 位图像。

　　①打开随书光盘配套素材 > 第 3 篇　Photoshop > 第 13 章中的"鸟瞰图 .jpg"，如图 13-79 所示。

　　②在菜单中执行"图像" > "调整" > "曝光度"命

图 13-79　打开要处理的图片

令，弹出"曝光度"对话框，在其中设定"曝光度"为"＋1.32"，"位移"为"＋0.0079"，
"灰度系数校正"为"0.95"，其他不变，如图 13-80 所示，单击 确定 按钮，即可将图
像的曝光度调好，如图 13-81 所示。

图 13-80　调整曝光度的参数

图 13-81　通过曝光度命令调整的图像效果

13.4.3　图像色相及饱和度的调整

Photoshop 中常用的调整图像色相及饱和度的命令主要包括"色相/饱和度""色彩平
衡""匹配颜色""替换颜色""通道混合器""可选颜色""变化"等。

13.4.3.1　色相/饱和度

执行"色相/饱和度"命令可以调整整个图像或图像中单个颜色成分的色相、饱和度和明度。

①打开随书光盘配套素材 > 第 3 篇　Photoshop > 第 13 章中的"小区景观 . jpg"，如图 13-
82 所示。

②在菜单中执行"图像" > "调整" > "色相/饱和度"命令，弹出"色相/饱和度"对话框，
在其中设置所需的参数，如图 13-83 所示，单击"确定"按钮，得到如图 13-84 所示的效果。

13.4.3.2　色彩平衡

执行"色彩平衡"命令可以更改图像的总体颜色混合，它适用于普通的色彩校正，而且
要确保选中了复合通道。

①打开随书光盘配套素材 > 第 3 篇　Photoshop > 第 13 章中的"鸟瞰图-1. jpg"，从图
像色彩效果看，画面色调偏冷，如图 13-85 所示。

图 13-82　从素材库中打开要调整的图片

图 13-83　调整"色相/饱和度"的参数

图 13-84　图像调整后的效果

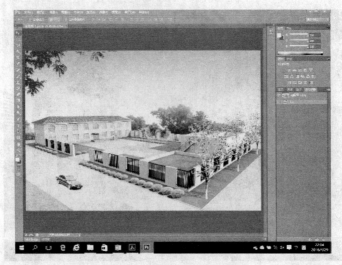

图 13-85　打开要调整的图片

②在菜单中执行"图像">"调整">"色彩平衡"命令，弹出"色彩平衡"对话框，在其中设置所需的参数，如图 13-86 所示，单击"确定"按钮，得到一幅色调偏暖的画面，如图 13-87 所示。

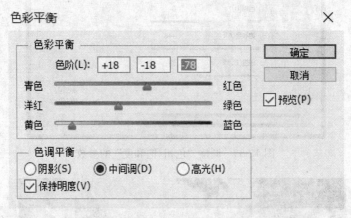

图 13-86　设置"色彩平衡"对话框的参数

13.4.3.3　匹配颜色

"匹配颜色"命令可以匹配不同图像之间、多个图层之间或者多个颜色选区之间的颜色。它还允许通过更改亮度和色彩范围以及中和色痕来调整图像中的颜色。"匹配颜色"命令仅适用于 RGB 模式。

在使用"匹配颜色"命令时，指针将变成吸管工具。在调整图像时，使用吸管工具可以在"信息"面板中查看颜色的像素值。此面板会在执行"匹配颜色"命令时提供有关颜色值变化的反馈，如图 13-88 所示。

"匹配颜色"命令将一个图像（源图像）的颜色与另一个图像（目标图像）的颜色相匹配。除了匹配两个图像之间的颜色以外，"匹配颜色"命令还可以匹配同一个图像中不同图层之间的颜色。

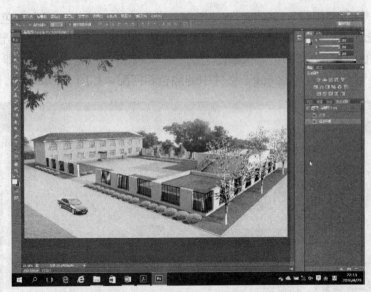

图 13-87　调整参数后得到偏暖的画面效果

①打开随书光盘配套素材 > 第 3 篇　Photoshop > 第 13 章中的"小区住宅-1.jpg"和"小区住宅-2.jpg"并以"小区住宅-2.jpg"为当前可用文件，如图 13-89 所示。

图 13-88　利用"信息"面板查看颜色的像素值

图 13-89　从光盘中打开源文件

②在菜单中执行"图像">"调整">"匹配颜色"命令，弹出"匹配颜色"对话框，在其中的"图像统计"栏的"源（S）"下拉列表中选择"小区住宅-1.jpg"，再设定"明亮度"为"50"，"颜色强度"为"110"，"渐隐"为"0"，单击"确定"按钮，即可将"小区住宅-1.jpg"文件与"小区住宅-2.jpg"文件中的颜色相匹配，如图13-90所示。

图13-90 "匹配颜色"命令参数的调整

13.4.3.4 替换颜色

执行"替换颜色"命令可以在图像中基于特定颜色创建一个临时的蒙版，然后替换图像中的那些颜色。也可以设置由蒙版标识的区域的色相、饱和度和明度。

①从配套光盘的素材库中打开一张图片"住宅楼.jpg"，如图13-91所示。

图13-91 打开要调整的图片

②在菜单中执行"图像">"调整">"替换颜色"命令，弹出"替换颜色"对话框，用吸管工具在画面中单击要替换的颜色，如图13-92所示。

③在"替换颜色"对话框的"选区"和"替换"栏中设置用于替换的颜色，单击"确定"按钮，即可将选区中的颜色进行替换，画面效果如图 13-93 所示。

图 13-92　在画面中用吸管工具吸取要替换的颜色

图 13-93　在"替换颜色"对话框中设置参数

13.4.3.5　可选颜色

可选颜色校正是高端扫描仪和分色程序使用的一项技术，它在图像中的每个加色和减色的原色图素中增加和减少印刷色的量。"可选颜色"使用 CMYK 颜色校正图像，也可以用于校正 RGB 图像以及将要打印的图像。在校正图像时请确保选择了复合通道。

①打开随书光盘配套素材＞第3篇 Photoshop＞第13章中的"别墅.jpg"，如图13-94所示。

②在菜单中执行"图像"＞"调整"＞"可选颜色"命令，弹出"可选颜色"对话框，在其中设置"颜色"为"蓝色"，"青色"为"＋100％"，"洋红"为"＋100％"，"黄色"为"－100％"，"黑色"为"＋100％"，设置好后单击"确定"按钮，即可将蓝色改为所设置的颜色，如图13-95所示。

图13-94 打开需调整的图像

图13-95 设置"可选颜色"对话框的参数

13.4.3.6 变化

"变化"命令通过显示替代物的缩览图,可以直观地对图像进行色彩平衡、对比度和饱和度调整。该命令对于不需要精确色彩调整的平均色调图像最为适用,但不能用在索引颜色图像上。

①从配套光盘的素材库中打开图片"景观建筑.jpg",如图 13-96 所示。

②在菜单中执行"图像">"调整">"变化"命令,弹出"变化"对话框,在其中分别单击"加深黄色"2 次,"加深青色"与"加深洋红"各 1 次,如图 13-97 所示,设置好后单击"确定"按钮,即可得到如图 13-98 所示的效果。

图 13-96　打开需调整的图像

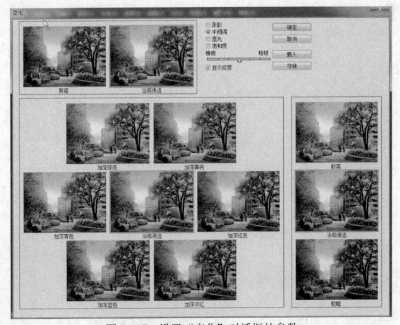

图 13-97　设置"变化"对话框的参数

图 13-98　调整后的图片效果

第 14 章　渲染图的后期处理

14.1　办公楼渲染图的后期处理

14.1.1　画面构图的调整

一般情况下，从三维软件中渲染输出的图像很难满足我们对画面构图的要求，需要在 Photoshop 软件中重新调整画面的构图，以使图像的构图更加完美、合理。首先需了解图像构图的位置线与构图比例。

（1）位置线　在表现图的后期处理观察中，将纸面上下、左右各两等分或三等分，这种平分线就是位置线，如图 14-1、图 14-2 所示。位置线可以辅助我们把主体物安放在合适的位置。

图 14-1　用位置线衡量画面构图（一）

用位置线衡量画面构图时，主体建筑应该和空间主体或转折面放在位置线上任意两个格或三个格的偏左或偏右处。尽量不要摆放在位置线的正中间或等分，这样既可以避免画面构图呆板的情况，又利于为场景添加配景素材，使画面构图更合理。

（2）画幅的比例　画面的长宽比要适合建筑的体形和形象特征，建筑物扁平多用横向画幅，建筑物高耸多用竖向画幅，如图 14-3、图 14-4 所示。建筑物主体四周要适当留有空地，这样可以使得画面舒展、开朗，如图 14-5 所示；反之则显得压抑和拥挤，如图 14-6 所示。

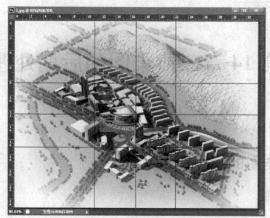

图 14-2 用位置线衡量画面构图（二）

图 14-3 横向构图

图 14-4 竖向构图

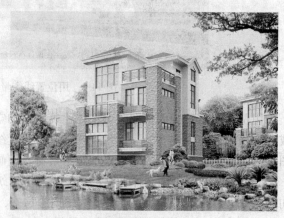

图 14-5 建筑物主体四周有适当的空地，
可以使画面舒展、开朗

图 14-6　建筑物四周空间太小，显得压抑和拥挤

14.1.2　改变画面大小

（1）打开文件

①在 Photoshop CS6 操作界面中，打开随书光盘配套素材 > 第 3 篇　Photoshop > 第 14 章
中的"办公楼表现图 .jpg"，如图 14-7 所示。

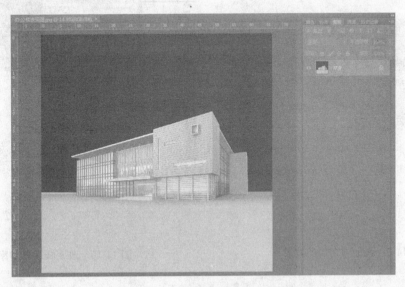

图 14-7　打开需调整的图像

②用工具面板中的剪切工具，对画面的比例及整个画面构图进行调整，如图 14-8 所
示。调整完成后双击画面，效果如图 14-9 所示。

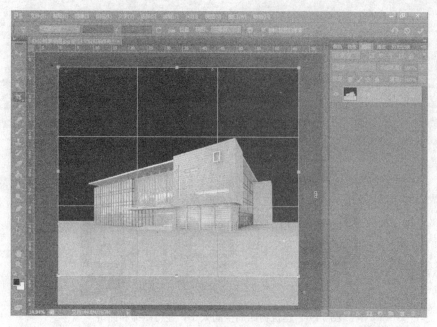

图 14-8　剪切画面

（2）改变画面分辨率　单击下拉式菜单"图像"下的"图像大小"命令，调出"图像大小"对话框，将"缩放样式"和"约束比例"复选框去掉，把"宽度"改为"80 厘米"，"高度"改为"70 厘米"，"分辨率"改为"150"，其他为默认，单击□□确定□□按钮，如图 14-10 所示。

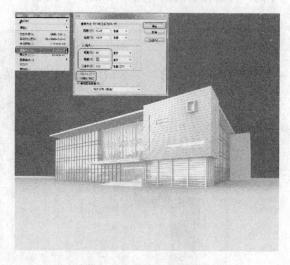

图 14-9　画面剪切后的效果　　　　　　　　图 14-10　改变画面分辨率

14.1.3　图像调整

14.1.3.1　图像的明度调整

（1）曲线调整　首先将背景图层复制一个作为备份。在图层面板中单击◎按钮，新建一个曲线调整层，适当调整曲线的节点，使图像的亮度和对比度更强烈一些，如图 14-11 所示。

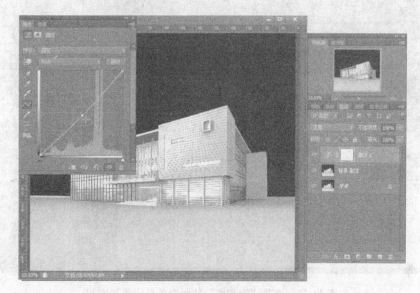

图 14-11　曲线调整

（2）色阶调整　单击"图像">"调整">"色阶"，调出"色阶"对话框，将表现图的亮度降低一点，通过色阶调整命令可以改变画面的明度，如图 14-12 所示。

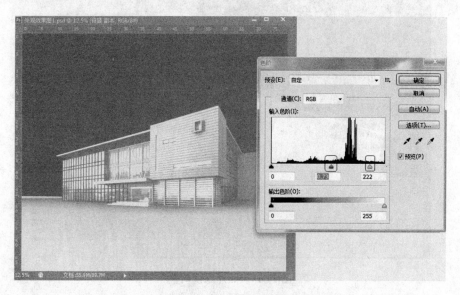

图 14-12　通过色阶调整使画面亮度降低一些

14.1.3.2　图像的色彩调整

（1）色相/饱和度调整　在图层面板中单击 按钮，为图像增加"色相/饱和度"图层，调节"饱和度"使画面的色彩更加饱和，如图 14-13 所示。

（2）照片滤镜调整　单击"图像">"调整">"照片滤镜"，调出"照片滤镜"对话框，

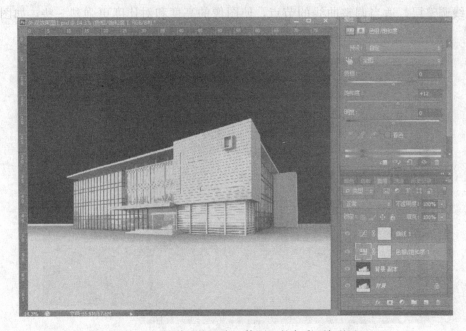

图 14-13　调节"饱和度"使画面的色彩更加饱和

设置一个冷色的滤镜，使画面偏冷一些，如图 14-14 所示。

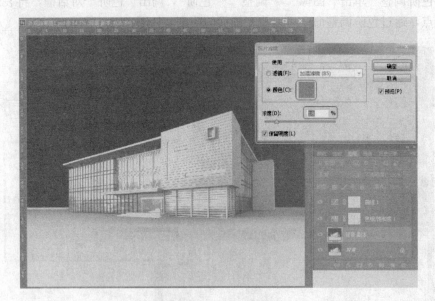

图 14-14　照片滤镜调整

14.1.4　制作背景和配景

14.1.4.1　使用渐变填充制作天空

点击魔棒工具 🪄，点选黑色背景。在"图层"面板中单击 🔲 按钮，增加一个新图层。分别设置前景色和背景色为两种天空图像的颜色，然后选择渐变工具 🔲，按下"Shift"键从图像窗口至上而下拉一条直线填充渐变，如图 14-15 所示。

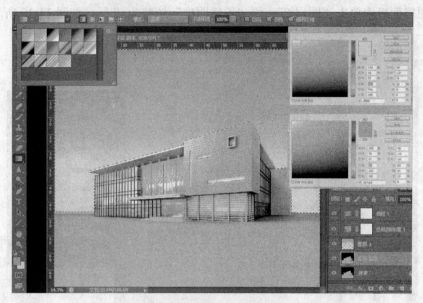

图 14-15　使用渐变填充制作天空

14.1.4.2　使用天空图片

①打开随书光盘配套素材＞第 3 篇　Photoshop＞第 14 章中的"天空 . jpg"，如图
14-16所示。值得注意的是，根据建筑场景表现的季节、时间和天气的不同，选择的天空
图片也应有所不同。

图 14-16　打开天空图片

②单击所要修改的图片，按下"Ctrl"键点选图层 1 左边的▨图层缩栏图，原填充的天
空背景被选中。点击天空图片，用"Ctrl＋A"键全选图片，然后单击"编辑"＞"拷贝"。

③单击"编辑"＞"选择性粘贴"＞"贴入"，将天空图片植入场景，产生一个新图层，用

"Ctrl＋T"自由变换命令调整图像，使其覆盖整个背景区，调整后的效果如图 14-17 所示。

④在图层面板中单击"图层 2"，将"不透明度"调整为 36％，如图 14-18 所示。

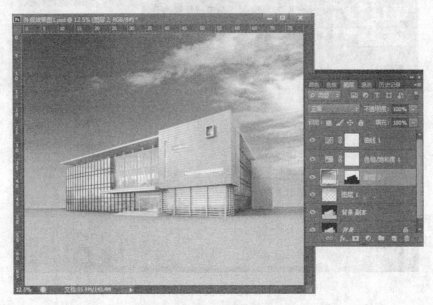

图 14-17　将天空图片置入场景

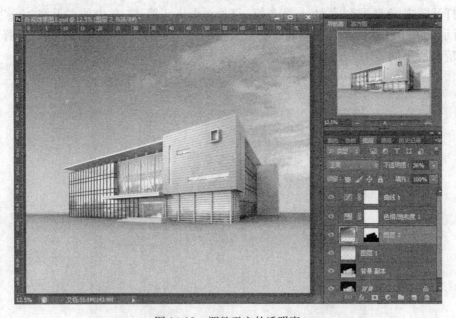

图 14-18　调整天空的透明度

14.1.4.3　地面的制作

①打开随书光盘配套素材＞第 3 篇　Photoshop＞第 14 章中的"地面.psd"，如图 14-19 所示。

②用移动工具 将打开的文件拖曳到场景图像中产生一个新图层。用"Ctrl＋T"自由变换命令调整图像，调整地面比例，并将其放至合适位置，如图 14-20 所示。

图 14-19　打开文件

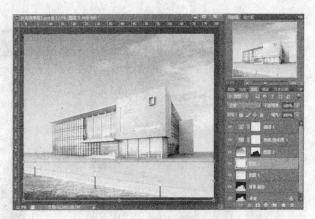

图 14-20　用"Ctrl＋T"自由变换命令调整图像

14.1.4.4　添加环境绿化

①打开随书光盘配套资源 > 第 3 篇　Photo-
shop > 第 14 章中的"绿化.psd"，如图 14-21 所
示。用移动工具 将打开的背景图片树木拖拽到
场景中产生一个"图层 4"。用"Ctrl＋T"自由
变换命令调整图像比例，并将其放至合适位置，
如图 14-22 所示。

②手动拖动"图层 4"，移动到"图层 2"天
空的上方。

③在图层面板中单击"图层 4"，将"不透
明度"调整为 65％。单击矩形选框工具 ，框
选部分遮挡建筑的绿化，按"Delete"键删除，如图 14-23 所示。

图 14-21　打开绿化文件

图 14-22　调整图像比例

图 14-23 删除遮挡建筑的绿化

④修改右边的绿化，将"图层 4"的"不透明度"调整为 90％，如图 14-24 所示。

图 14-24 修改右边的绿化

⑤打开随书光盘配套资源 > 第 3 篇 Photoshop > 第 14 章中的"草皮．psd"，如图 14-25所示。然后用移动工具 将其拖放在场景图像中产生一个新图层。调整草皮比例，并将其放至合适位置，如图 14-26 所示。

⑥打开随书光盘配套资源 > 第 3 篇 Photoshop > 第 14 章中的"中景树木．psd"，如图 14-27 所示。然后用移动工具 将其拖放在场景图像中产生一个新图层。调整树木比例，并将其放至合适位置，效果如图 14-28 所示。

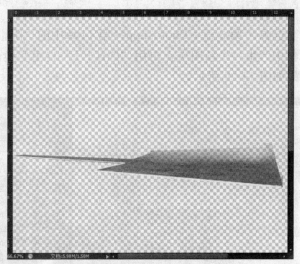

图 14-25 打开草皮文件

图 14-26 调整草皮比例

图 14-27 打开树木文件

图 14-28 树木调整后的效果

14.1.4.5 添加阴影

　　打开随书光盘配套资源 > 第3篇　Photoshop > 第14章中的"阴影.psd"。用移动工具
将其拖放在场景图像中产生一个新图层，再用"Ctrl＋T"自由变换命令调整图像，并将
其放至合适位置，效果如图14-29所示。

图 14-29　添加阴影

14.1.4.6 添加小汽车

　　打开随书光盘配套资源 > 第3篇　Photoshop > 第14章中的"汽车.psd"。将其拖放在
场景文件中，调整汽车比例，并将其放至合适位置，如图14-30所示。

图 14-30　添加小汽车

14.1.4.7　添加人物

　　打开随书光盘配套资源 > 第 3 篇　Photoshop > 第 14 章中的"人物.psd"。调整其色彩、比例并制作阴影，将其放至合适位置，如图 14-31 所示。表现图最后处理好的效果如图 14-32 所示。

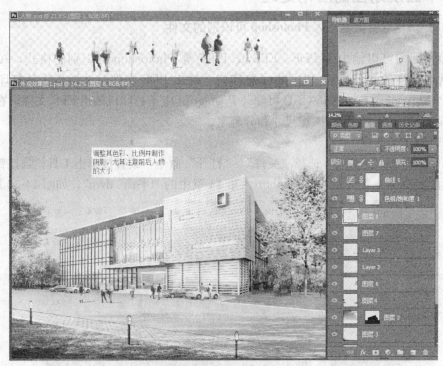

图 14-31　添加人物

图 14-32　最后处理好的表现图

14.1.4.8 存储文件

将处理好的图像另存为"日景办公楼.psd"文件，作为备份文件，便于以后修改和整理。

14.2 平面规划图的后期处理

14.2.1 将 CAD 平面图输出为 Photoshop 可识别的文件

CAD 平面图可以输出为 PDF、EPS 或 TIFF 等 Photoshop 可识别的格式，AutoCAD 2016 已默认安装有 AutoCAD PDF 电子打印机，输出 PDF 文件时选择高质量打印（High Quality Print），老版本的 AutoCAD 可安装 Postscript 电子打印机输出 EPS 文件，在 Photoshop 中读入 EPS 文件时设置图像尺寸和分辨率。

14.2.1.1 添加绘图仪

①启动 AutoCAD 2008，选择"文件">"打开"命令，或直接单击工具栏按钮，打开随书光盘配套资源 > 第 3 篇　Photoshop > 第 14 章中的"平面.dwg"，如图 14-33 所示。

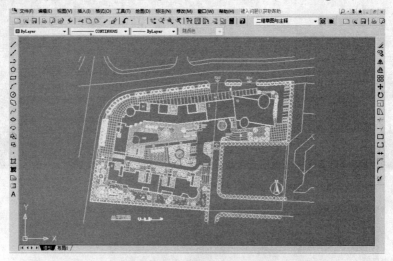

图 14-33　打开规划设计平面图

②隐藏一些不需要的图层，如标注、文字、填充等，只留下主要线框架，如图 14-34 所示。

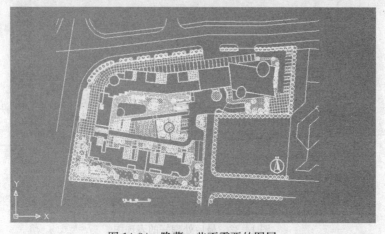

图 14-34　隐藏一些不需要的图层

③选择"文件">"绘图仪管理器"命令，打开"Plotters"窗口，在窗口中双击图标🖨，如图 14-35 所示。

图 14-35　打开"Plotter"窗口

④启动"添加绘图仪向导"后，系统便会按照次序一步一步地提示完成添加绘图仪的操作。首先出现的是如图 14-36 所示的简介页面，对添加绘图仪的有关内容作简单介绍，可直接单击 下一步(N) 进入下一步骤。

⑤如图 14-37 所示，添加绘图仪的第一步是配置绘图仪类型，从中选择"我的电脑"选项，单击 下一步(N) 按钮继续操作。

⑥接下来是选择绘图仪生产商和型号，在生产厂商列表中选择"光栅文件格式"，从型号列表中选择一种图像文件格式，如图 14-38 所示，此处选择 TIFF 格式，这样打印输出的文件为 TIFF 图像文件。

⑦接下来系统询问是否引入绘图仪特性信息，如图 14-39 所示，在此不需引入，可直接单击 下一步(N) 按钮进入下一步骤。

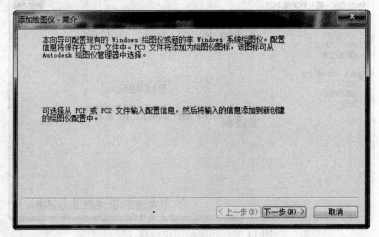

图 14-36　简介页面

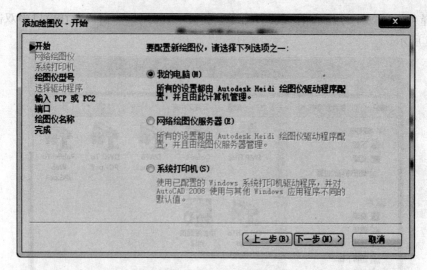

图 14-37 添加绘图仪向导（一）

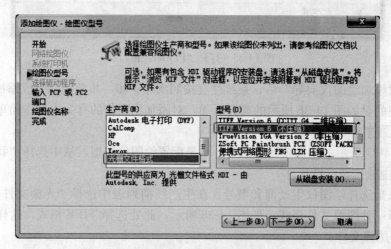

图 14-38 添加绘图仪向导（二）

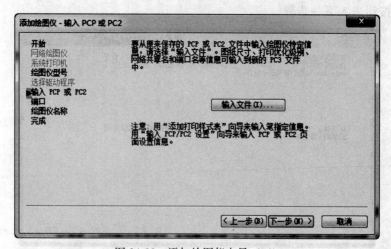

图 14-39 添加绘图仪向导（三）

⑧执行上步操作后，系统会提示选择打印端口，若选中"后台打印"选项，系统便会提示选择相关的硬件，此处选择"打印到文件"选项，如图 14-40 所示。

图 14-40　添加绘图仪向导（四）

⑨选择"打印到文件"选项后，系统弹出如图 14-41 所示的设置绘图仪名称对话框，在此对话框中可为绘图仪命名，当然也可以使用系统默认的绘图仪名称。

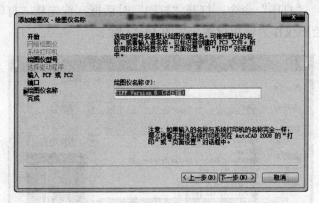

图 14-41　添加绘图仪向导（五）

⑩执行上述操作后，最终完成添加绘图仪的全部操作，如图 14-42 所示，单击 完成(F) 按钮结束操作。

⑪添加绘图仪后，"Plotters"窗口便会显示出新添加的绘图仪图标，如图 14-43 所示。

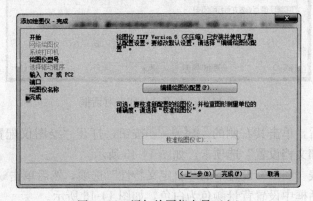

图 14-42　添加绘图仪向导（六）

图 14-43 新添加的绘图仪

14.2.1.2 调整并添加自定义图纸

①选择"文件">"打印"命令，打开"打印"对话框，首先从"打印机/绘图仪"列表中选择刚才添加的绘图仪作为输出设置，如图 14-44 所示。

图 14-44 打开"打印"对话框

②选择绘图仪后，单击其右侧的 特性(R)... 按钮，打开"绘图仪配置编辑器"对话框，选中其中的"设备和文档设置"选项卡，如图 14-45 所示。

③选中设置列表"图形"设置下的"自定义特性"选项，然后单击 自定义特性(C)... 按钮，在打开的对话框中设置背景颜色为白色，如图 14-46 所示。

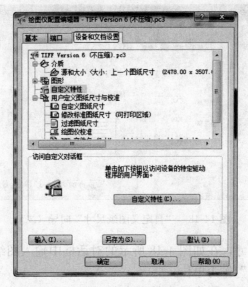

图 14-45 打开"绘图仪配置编辑器"对话框

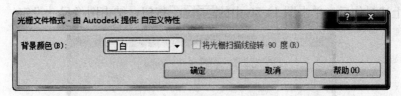

图 14-46 设置背景颜色为白色

④接下来定义图纸尺寸大小，从设置列表中选择"自定义图纸尺寸"选项，然后单击 添加(A)... 按钮，系统便会启动"自定义图纸尺寸"向导，以完成自定义图纸设置。

⑤首先选择自定义图纸的方式，创建新图纸还是使用现在图纸，此处选择"创建新图纸"选项，如图 14-47 所示。

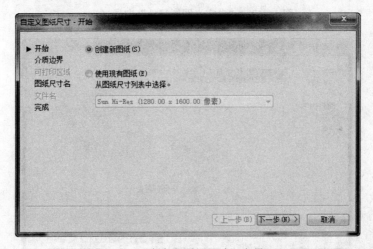

图 14-47 "自定义图纸尺寸"向导（一）

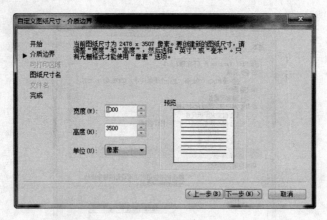

图 14-48　"自定义图纸尺寸"向导（二）

⑥接下来设置图纸尺寸，在如图 4-48 所示的对话框中输入图纸尺寸，由于是打印到文件，所以此处选择"像素"作为单位。

⑦接下来系统提示输入"图像尺寸名"，用户可以自定义名称，也可以直接使用系统默认的名称，如图 14-49 所示。

⑧执行上述操作后，单击图 14-50 中的 完成(F) 按钮，结束图像尺寸设定。

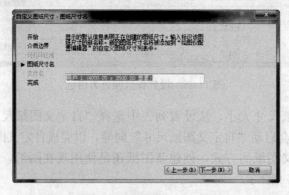

图 14-49　"自定义图纸尺寸"向导（三）

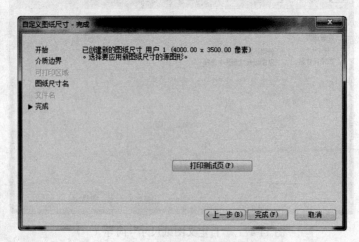

图 14-50　"自定义图纸尺寸"向导（四）

14.2.1.3 打印输出文件

①返回"打印"对话框后，在如图 14-51 所示的"图纸尺寸"选项中选择自定义的图纸。单击 ⊙ 按钮，在展开的对话框中选择"打印样式表"下的 monochrome.ctb 选项，如图 14-52 所示。单击 保存(S) 按钮，设置输出图像文件保存的位置和名称，如图 14-53 所示。

②最后，单击 确定 按钮开始打印，图 14-54 显示的是打印进度，最终输出的规划线框图如图 14-55 所示。

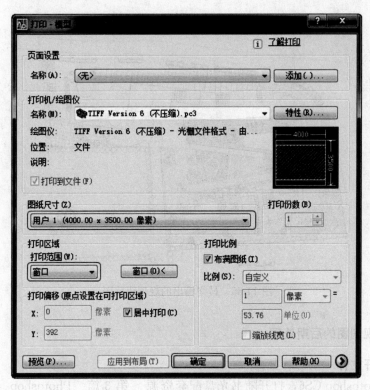

图 14-51 自定义图纸尺寸完成

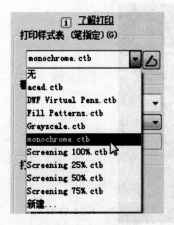

图 14-52 打印样式表

图 14-53 设置输出图像文件保存的位置和名称

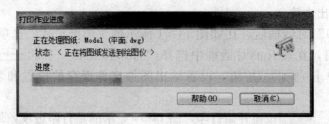

图 14-54　打印进度对话框

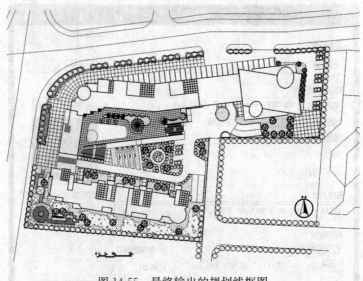

图 14-55　最终输出的规划线框图

14.2.2　平面规划图的后期处理

14.2.2.1　打开文件

①启动 Photoshop CS6，打开随书光盘配套资源 > 第 3 篇　Photoshop > 第 14 章中的 "总平面图 . tif"，如图 14-56 所示。

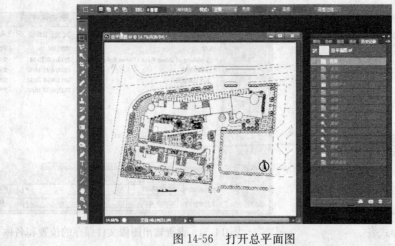

图 14-56　打开总平面图

②单击下拉式菜单"图像">"图像大小"命令，调出"图像大小"对话框，将"宽度"改为"80 厘米"，"高度"改为"70 厘米"，"分辨率"改为"150 像素/英寸"，其他为默认，单击 确定 按钮，如图 14-57 所示。

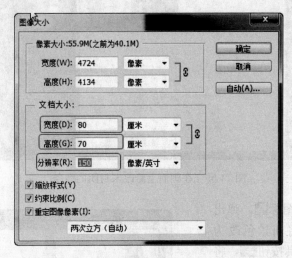

图 14-57 调出"图像大小"对话框

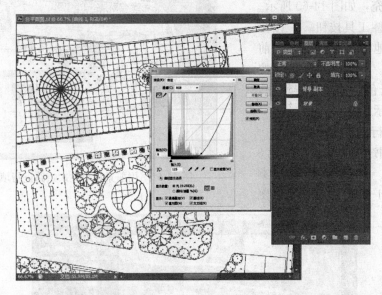

图 14-58 调整曲线的节点，使线条的对比度更强烈

③首先将背景图层复制一个作为备份。单击菜单"图像">"曲线"命令，适当调整曲线的节点，使线条的对比度更强烈一些，如图 14-58 所示。将文件保存为 psd 格式文件。

14.2.2.2 道路和地面的后期处理

（1）给道路和地面填充颜色

①在工具栏中单击直线工具按钮 ，将选项栏"粗细"改为 1 个像素，将前景色改为黑色，在画面上顺着道路画上封闭的线条，便于填色，如图 14-59 所示。

②单击魔棒工具按钮 ，将选项栏"容差"改为 32，按住"Shift"键对主次道路进行

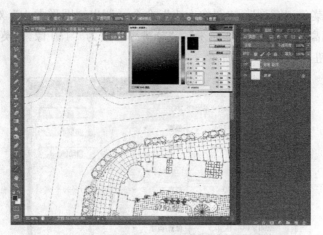

图 14-59　在画面上修改未封闭的线条

选择。单击色彩控制图标█，弹出
"拾色器"对话框，将前景色改为
灰色。单击油漆桶工具按钮█，将
选项栏"容差"改为 32，用前景色
对选区进行填充，如图 14-60 所示。

　　③单击魔棒工具按钮█，按住
"Shift"键对地面进行选择，将前
景色改为灰色。单击油漆桶工具按
钮█，用前景色对选区进行填充，
如图 14-61 所示。

（2）给人行道填充图案

　　①打开随书光盘配套资源 > 第 3
篇　Photoshop > 第 14 章中的"图案
.jpg"，用"Ctrl＋A"快捷键全选图

图 14-60　用前景色对主次道路进行填充

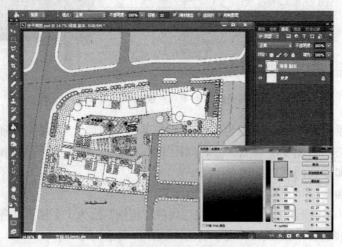

图 14-61　用前景色对地面进行填充

片。在菜单中执行"编辑">"定义图
案"命令，弹出"图案名称"对话框，
单击"确定"按钮，如图 14-62 所示。

②单击油漆桶工具按钮，将
选项栏"前景色"改为"图案"。单
击下拉按钮，在弹出的调板中选择
所需的图案来填充，如图 14-63 所示。

图 14-62　"图案名称"对话框

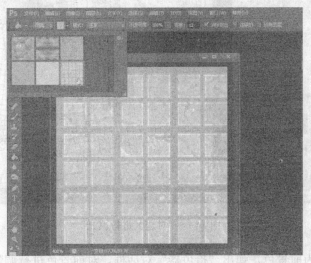

图 14-63　选择填充的图案

③单击魔棒工具按钮，按住"Shift"键对人行道进行选择，用油漆桶工具对选区填充，如图 14-64 所示。如果图案偏大，可调整图像大小，重新定义图案。

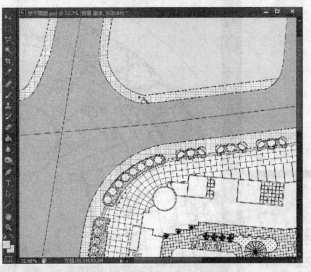

图 14-64　对人行道填充图案

（3）给小区铺地填充颜色

①单击魔棒工具按钮，将选项栏"容差"改为 16，按住"Shift"键对左侧铺地隔一

个选一个。单击色彩控制图标█，弹出"拾色器"对话框，对前景色进行调整。单击油漆桶工具按钮█对选区进行填充，如图 14-65 所示。

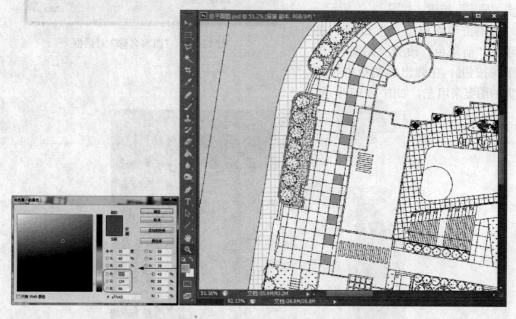

图 14-65　对选区进行填充

②将背景色改为前景色，弹出"拾色器"对话框，对前景色进行调整，并用油漆桶工具对选区进行填充，如图 14-66 所示。

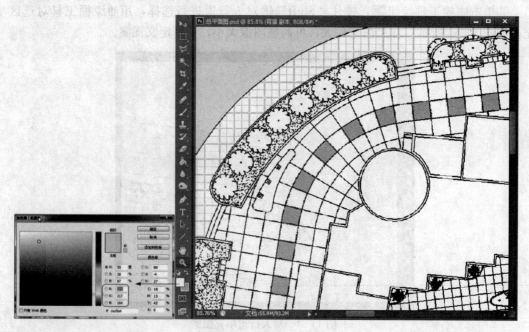

图 14-66　填充颜色

③对其他铺地进行色彩填充，填充时注意色彩变化，填充后的效果如图 14-67 所示。

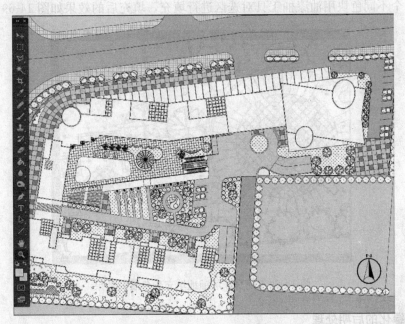

图 14-67　填充后的效果

（4）给小区中心铺地填充颜色　单击魔棒工具按钮🖱️，按住"Shift"键对中心铺地进行选择。调整 3 个不同色块用油漆桶工具对选区进行填充，填充后的效果如图 14-68 所示。

图 14-68　给小区中心铺地填充颜色

（5）给健身广场铺地填充颜色　单击魔棒工具按钮🖱️，按住"Shift"键对铺地进行选择。调整 3 个不同色块用油漆桶工具对选区进行填充，填充后的效果如图 14-69 所示。

图 14-69 健身广场铺地填充颜色后的效果

14. 2. 2. 3 绿化的后期处理

（1）给地面草皮填充图案

①打开随书光盘配套资源＞第 3 篇 Photoshop＞第 14 章中的"草皮.jpg"，用"Ctrl＋A"快捷键全选图片。在菜单中执行"编辑"＞"定义图案"命令，弹出"图案名称"对话框，单击"确定"按钮，如图 14-70 所示。

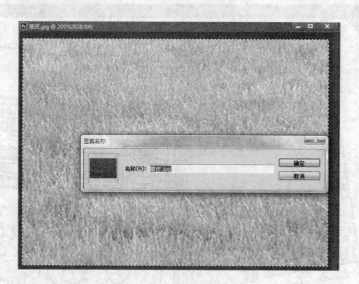

图 14-70 定义图案

②单击油漆桶工具按钮，将选项栏"前景色"改为"图案"。单击下拉按钮，在弹出的调板中选择填充的图案，如图 14-71 所示。

③单击魔棒工具按钮，按住"Shift"键对草地区域进行选择，用油漆桶工具对选区填充，效果如图 14-72 所示。

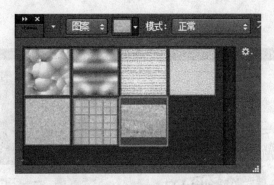

图 14-71　选择填充的图案

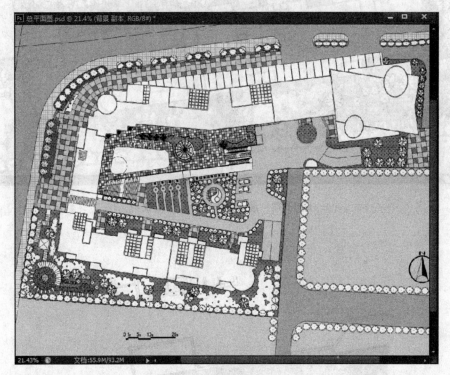

图 14-72　草皮填充颜色后的效果

（2）给灌木填充颜色　单击魔棒工具按钮 <img>，按住"Shift"键对灌木进行选择，将前景色改为浅绿色。用油漆桶工具对选区进行填充，填充后的效果如图 14-73 所示。

（3）给灌木添加阴影

①单击魔棒工具按钮 <img>，按住"Shift"键对灌木进行选择。单击移动工具按钮 <img>，按住"Alt"键对灌木进行复制，并向右上角拖曳，如图 14-74 所示。

②执行菜单栏中的"图层"＞"新建"＞"创建通过剪切的图层"命令，在"图层"面板中新建"图层 1"，如图 14-75 所示。

③在菜单中执行"图像"＞"调整"＞"色相/饱和度"命令，弹出"色相/饱和度"对话框，调整"饱和度"和"明度"参数，单击"确定"按钮，如图 14-76 所示。

④在"图层"面板中选中"图层 1"，将"不透明度"调整为 55%，如图 14-77 所示。

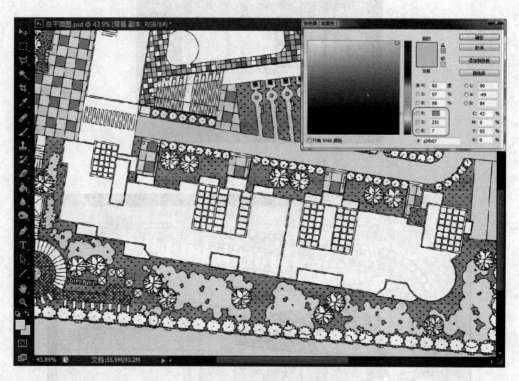

图 14-73　灌木填充颜色后的效果

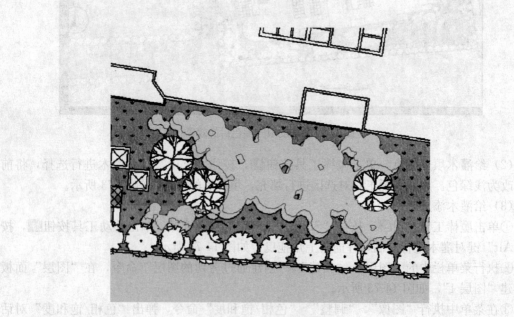

图 14-74　对灌木进行复制

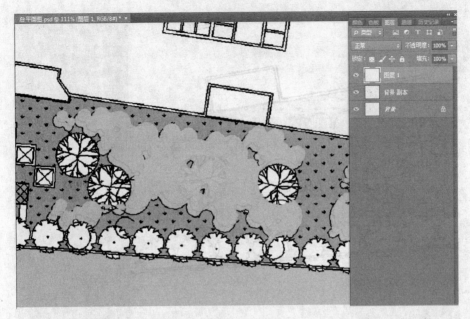

图 14-75 剪切图层

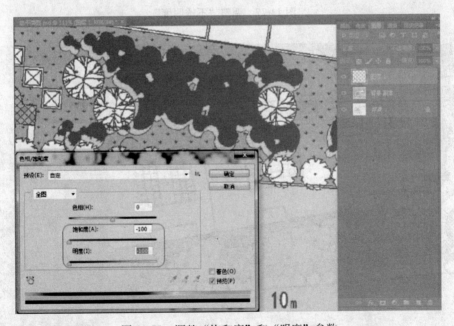

图 14-76 调整"饱和度"和"明度"参数

选中"背景副本"图层,按住"Shift"键用魔棒工具对灌木进行选择。选中"图层 1",按"Delete"键进行删除,效果如图 14-78 所示。

（4）给乔木填充颜色

①单击魔棒工具按钮 ,按住"Shift"键对所有乔木进行选择。在菜单中执行"选择">"存储选区"命令,弹出"存储选区"对话框,给选区命名为"1",单击"确定"按钮,如图 14-79 所示。

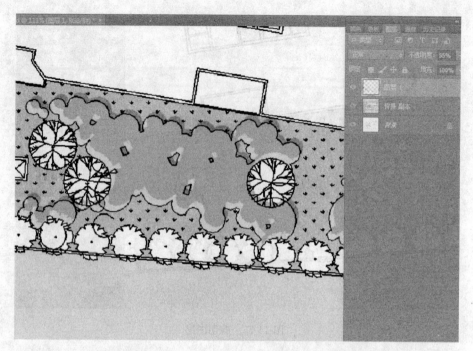

图 14-77　调整"不透明度"

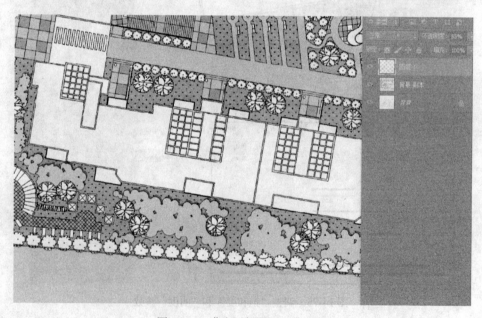

图 14-78　灌木添加阴影后的效果

②调整前景色的颜色，用油漆桶工具对选区进行填充，填充后的效果如图 14-80 所示。

（5）给乔木添加阴影

①在菜单中执行"选择">"载入选区"命令，弹出"载入选区"对话框，选择"通道 1"下的"1"，单击"确定"按钮，如图 14-81 所示。

②用上面给灌木添加阴影的方法制作出乔木的阴影，制作后的效果如图 14-82 所示。

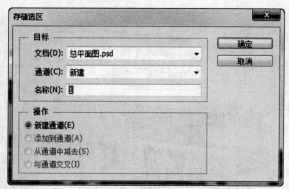

图 14-79　存储选区

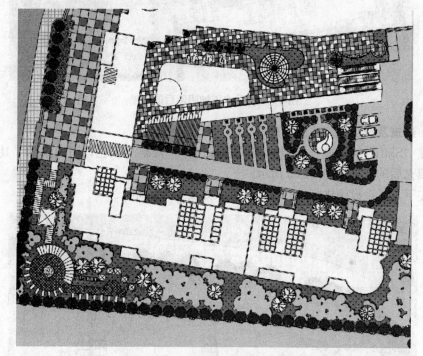

图 14-80　乔木填充颜色后的效果

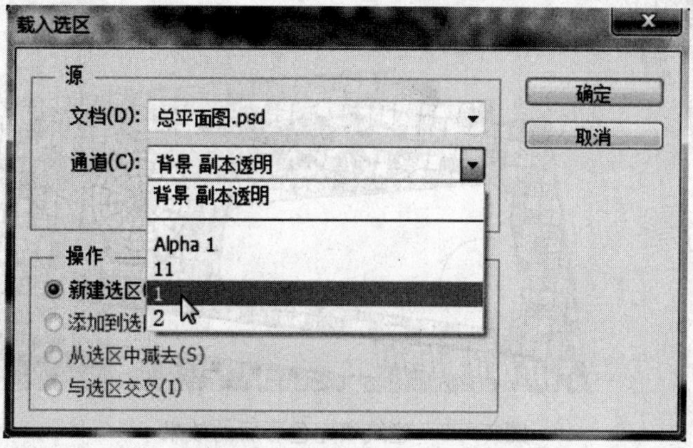

图 14-81　"载入选区"对话框

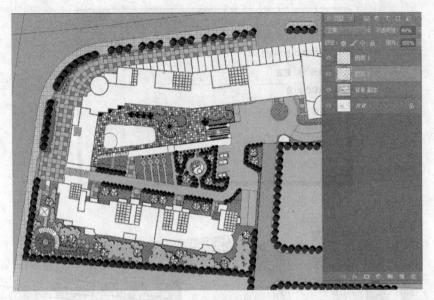

图 14-82　乔木添加阴影后的效果

14.2.2.4　建筑及景观设施的后期处理

　　①按住"Shift"键用魔棒工具对建筑进行选择，调制浅灰色，用油漆桶工具对选区进行填充，填充后的效果如图 14-83 所示。

　　②对左下角景观设施进行选择填充，效果如图 14-84 所示。

图 14-83　建筑填充色彩后的效果

图 14-84　景观设施填充色彩后的效果

14.2.2.5　水体的后期处理

按住"Shift"键用魔棒工具对水体进行选择，调制两种浅蓝色，用画笔工具 结合画笔大小对选区进行喷色，效果如图 14-85 所示。

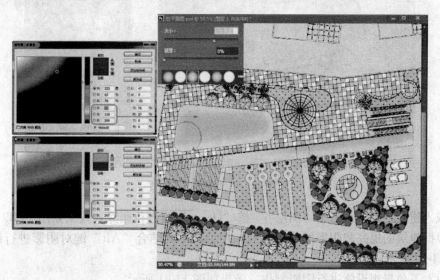

图 14-85　水体后期处理后的效果

14.2.2.6　汽车的后期处理

对汽车进行选择色彩处理并制作阴影，效果如图 14-86、图 14-87 所示。

14.2.2.7　建筑及景观设施的阴影处理

①结合"Alt"键和"Shift"键用多边形套索工具 选择建筑物，并对选区进行存储。用移动工具结合"Alt"键复制，并向右上角拖曳。执行菜单栏中的"图层">"新建">"创建通过剪切的图层"命令，在"图层"面板中创建新"图层 6"。

图 14-86 色彩处理

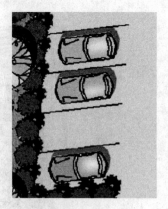

图 14-87 制作阴影

②将"图层 6"的"不透明度"调整为 60%，并将"图层 6"拖动到"图层"面板最上端，如图 14-88 所示。

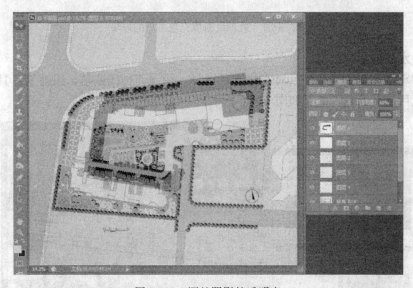

图 14-88 调整阴影的透明度

③载入建筑物选区，选中"图层 6"按"Delete"键进行删除，效果如图 14-89 所示。

④根据建筑的层高和阴影的投射方向，用移动工具结合"Alt"键对阴影进行修改，效果如图 14-90 所示。

⑤对左下角景观设施进行阴影制作，效果如图 14-91 所示。

14.2.2.8 字体的后期处理

①单击文字工具，输入字体。执行菜单栏中的"编辑">"变换">"斜切"命令，调整节点改变字体形状和字体大小，如图 14-92、图 14-93 所示。

②用同样的方法制作出其他字体，效果如图 14-94 所示。

14.2.2.9 存储文件

将处理好的图像另存为"总平面图.psd"文件，作为备份文件，便于以后修改和整理。

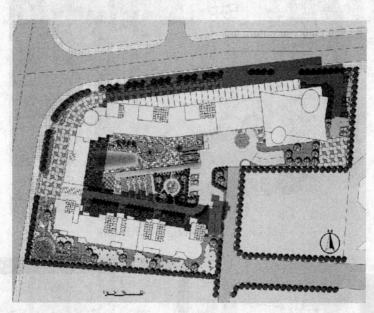

图 14-89　删除阴影

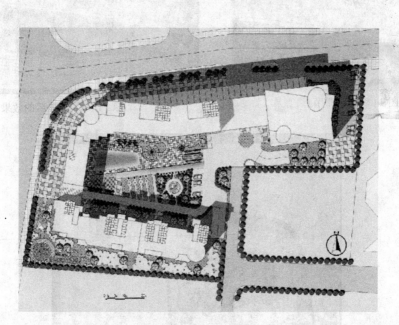

图 14-90　修改阴影

图 14-91 对景观设施进行阴影制作

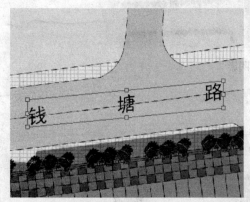

图 14-92 调整节点

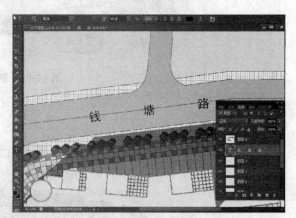

图 14-93 调整后的效果

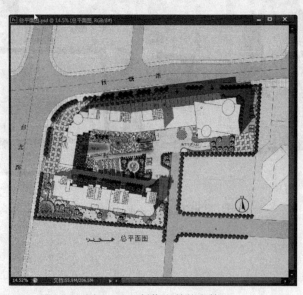

图 14-94 制作出其他字体

主 要 参 考 文 献

聚光数码科技 . 2008. SketchUp 草图大师高级建模与动画方案实例详解聚光制造［M］［CD］. 北京：电子
　工业出版社 .

聚光数码科技 . 2008. VRay for SketchUp 从入门到高级实例详解［M］［CD］. 北京：电子工业出版社 .

杨鹏，袁琼 . 2009. VRay for SketchUp 印象渲染技术精粹［M］［CD］. 北京：人民邮电出版社 .

姚勇，鄢竣 . 2007. SketchUp 草图大师 & Piranesi 彩绘大师基础与案例剖析［M］［CD］. 北京：电子工业
　出版社 .

顶渲网 . VRay for SketchUp 教程［OL］. 2012. http：//www. toprender. com/

我要自学网 . SketchUp 8 基础教程［OL］. 2012. http：//www. 51zxw. net/

我要自学网 . VRay for SketchUp 渲染教程［OL］. 2012. http：//www. 51zxw. net/

Aidan Chopra. 2011. Google SketchUp 8 For Dummies［OL］. Indiana：Wiley Publishing，Inc. http：//
　www. wiley. com.

Kelly L Murdock. 2009. Google SketchUp and SketchUp Pro 7 Bible［OL］. Indiana：Wiley Publishing，
　Inc. http：//www. wiley. com.

图书在版编目（CIP）数据

园林计算机辅助设计：SketchUp V-Ray Photoshop/
邢黎峰主编 . —2 版 . —北京：中国农业出版社，
2014.8
　　普通高等教育农业部"十二五"规划教材　全国高等
农林院校"十二五"规划教材
　　ISBN 978-7-109-19944-6

　　Ⅰ.①园…　Ⅱ.①邢…　Ⅲ.①园林设计－计算机辅助
设计－高等学校－教材　Ⅳ.①TU986.2-39

　　中国版本图书馆 CIP 数据核字（2014）第 290082 号

中国农业出版社出版
（北京市朝阳区麦子店街 18 号楼）
（邮政编码 100125）
责任编辑　戴碧霞
_____
北京中兴印刷有限公司印刷　　新华书店北京发行所发行
2008 年 6 月第 1 版　　2014 年 8 月第 2 版
2014 年 8 月第 2 版北京第 1 次印刷
_____
开本：787mm×1092mm 1/16　　印张：15.75
字数：372 千字
定价：33.00 元（含光盘）
（凡本版图书出现印刷、装订错误，请向出版社发行部调换）